新一代智能变电站设备集成技术及应用

XINYIDAI ZHINENG BIANDIANZHAN
SHEBEI JICHENG JISHU JI YINGYONG

王金行　主编

中国电力出版社
CHINA ELECTRIC POWER PRESS

内 容 提 要

本书在讲解新一代智能变电站关键技术及典型应用的基础上，重点阐述了模块化预制舱、集成式隔离断路器、智能变压器、智能 GIS、电子式互感器、智能二次设备、一体化业务平台、层次化保护控制系统等设备在智能变电站的集成应用。在本书的最后，针对吉林永吉 220kV 新一代智能变电站的工程设计、建设、工艺以及一、二次设备的选型、配置进行了详细讲解；特别总结了高寒地区预制舱、新型断路器、土建创新优化等十余项智能变电站的创新成果。

本书适合从事新一代智能变电站建设、运行、维护的工程技术人员阅读，也可供高等院校相关专业的师生学习、参考。

图书在版编目（CIP）数据

新一代智能电站：设备集成技术及应用 / 王金行主编. —北京：中国电力出版社，2017.3
ISBN 978-7-5198-0234-9（2018.5重印）

Ⅰ . ①新⋯　Ⅱ . ①王⋯　Ⅲ . ①智能技术—应用—变电所　Ⅳ . ① TM763-39

中国版本图书馆 CIP 数据核字（2017）第 003016 号

出版发行：中国电力出版社
地　　址：北京市东城区北京站西街 19 号（邮政编码 100005）
网　　址：http://www.cepp.sgcc.com.cn
责任编辑：丁　钊（zhao-ding@sgcc.com.cn）
责任校对：太兴华
装帧设计：张俊霞　张　娟
责任印制：蔺义舟

印　　刷：北京博图彩色印刷有限公司
版　　次：2017 年 3 月第一版
印　　次：2018 年 5 月北京第二次印刷
开　　本：787 毫米 ×1092 毫米　16 开本
印　　张：16.75
字　　数：295 千字　1 插页
印　　数：2001—3500 册
定　　价：85.00 元

编　委　会

前　言

　　构建坚强、环保、高效的智能电网是保障我国能源安全、承载第三次工业革命的关键。国家电网公司在 2009 年 5 月的特高压输电技术国际会议上提出了名为"坚强智能电网"的发展规划，并于同年 7 月开始启动建设智能变电站试点工程，2011 年开始全面推广建设智能变电站。智能变电站是衔接智能电网发电、输电、变电、配电、用电和调度六大环节的枢纽，同时也是实现能源转化和控制的核心平台之一，是实现风能、太阳能等新能源接入的重要支撑。

　　2012 年初国家电网公司提出建设"系统高度集成、结构布局合理、装备先进适用、经济节能环保、支撑调控一体"的新一代智能变电站。同年 10 月，国家电网公司在系统内选取了重庆大石、北京未来城等 6 座变电站作为示范工程进行建设，6 座示范站于 2013 年底全部投运。在融合配送式变电站建设技术基础上，2014 年开展了48 座 110～220kV 新一代智能变电站扩大示范工程建设。

　　首批新一代智能变电站试点工程建成投运，为新技术的推广应用积累了经验。但6 座试点站全部分布于北京以南，缺乏高寒地区的设计、运行及检修等经验。吉林永吉 220kV 变电站是国家电网公司新一代智能变电站在东北地区首座试点工程，位于吉林省中部。吉林省冬季漫长寒冷，降雪频繁，新一代智能变电站的新设备、新技术将面临严峻的考验。国网吉林省电力有限公司成立专家组，围绕高寒地区预制建筑的适应性、新型智能一次设备的深度集成、高寒地区土建创新优化等专题进行技术攻关，成功解决了新一代智能变电站在高寒地区应用所面临的难题，目前该站已顺利投运。

　　本书在总结吉林永吉 220kV 智能变电站工程建设经验的基础上，以新一代智能变电站关键技术为主线，首先介绍了模块化建设技术、隔离断路器及其他智能设备制造技术和二次系统等新一代智能变电站的基础理论、关键技术以及制造工艺；着重论述了高寒地区预制舱设计与应用、新型断路器的设计与应用、土建创新优化、一体化业务平台深入应用、智能变电站二次系统辅助工具开发与应用等十余项智能变电站技术创新成果；总结了大量工程建设资料、科研技术成果、现场运行经验，对新一代智能变电站建设、运行、维护具有一定的借鉴和指导意义。

本书的出版凝聚了吉林省电力工业众多领导、专家和工程技术人员的心血，希望我们的工程实践经验能够为我国智能电网的建设添砖加瓦。

由于编写时间仓促，书中难免有疏漏和不足之处，恳请读者批评指正。

编　者

目 录

前言

第1章 新一代智能变电站概述

第2章 模块化预制建设技术

第3章　集成式隔离断路器技术

第4章　智能设备制造技术

第 5 章　新一代智能变电站二次系统

第 6 章　典型工程应用分析——吉林永吉 220kV
新一代智能变电站应用实例

第7章 高寒地区应用技术

新一代智能变电站概述

随着能源危机的彰显和环境的日益恶化，利用清洁能源和可再生能源逐步替代化石能源的变革正在逐步进行。同时，科技的快速发展、电能在终端能源消费中的比例不断提高使得电力负荷日趋复杂，电力流由传统的单向流动向双向互动模式转变。变电站作为各种电源、用户的汇集点与接入点，是实现能源转化和控制的核心平台之一，新能源的大量接入和用户负荷的日益复杂化，要求变电站更加灵活可控、友好互动。

1.1　变电站作用与构成

变电站是电网中的重要节点，是电力系统中变换电压、接受和分配电能、控制电力的流向和调整电压的电力设施。其基本功能主要为实现电力传输的转换与分配、实施电网监控和运行操作、提供电网运行与维护的关键信息三个方面。

变电站的基本构成包括一次系统、二次系统和辅助系统，其中一次系统由一次设备通过某种连接关系而构成，二次系统由二次设备组成。变电站一次设备直接实现电压变换、电能接受和分配、电力流向的控制和电压调整等功能，包括变压器、断路器、隔离开关、电压互感器和电流互感器等。二次设备是对一次设备进行控制、调节、保护和监测的设备，包括控制器具、继电保护和自动装置、测量仪表、信号器具等，它通过电压互感器和电流互感器与一次设备取得电的联系，是电力系统不可缺少的重要组成部分，实现运行人员与一次系统的联系监视、控制，使一次系统能够安全经济运行。变电站辅助系统是指为变电站一、二次设备运行提供支持、支撑和保障的设备系统以及针对某些不安全因素而设置的专用设备系统，包括站用交直流电源系统、视频监控系统、火灾报警系统、防盗保卫系统、环境监测系统等。

1.2　变电站发展历程

1882年7月26日，上海乍浦路电灯厂第一台12kW机组发电，点亮了外滩的15盏电弧灯，开启了我国的电力工业发展历程。100多年来，电力系统由直发直供的雏形发展成为现代电力系统，作为现代电力系统枢纽的变电站也经历了从无到有，从常规变电站到智能变电站的发展过程。

早期的传统人工操作变电站，以低电压、小容量、弱联系、人工运维为技术特征，变电站二次系统采用模拟仪器仪表，实行就地监控和人工操作，基本不具备自动化能力。变电站以 110kV 及 35kV 变电站为主，主变压器容量低，采用少油、多油断路器，变电站与调度联系弱，二次系统仅实现机电式保护、仪器仪表监视和人工就地操作，站内设备间无通信，通过电缆建立联系，调试运维工作很大，运维方式为事故情况下停电检修。

改革开放后，作为国民经济重要的基础产业，电力工业实现了历史性的大跨越。20 世纪 70 年代后变电站进入了以超高压、大容量、强联系、自动化运维为特征的自动化阶段。随着计算机技术、现代电子技术、通信技术和信息处理技术的不断深入发展。我国变电站的发展先后经历了传统自动化变电站、综合自动化变电站、数字变电站和智能变电站。

1.2.1 常规变电站

常规变电站经历了早期传统变电站、综合自动化变电站和数字化变电站三个发展阶段。图 1-1 所示为 500kV 常规变电站。

1. 传统自动化变电站（1970～1983 年）

传统自动化变电站保护设备以晶体管、集成电路为主，二次设备均按照传统方式布置，各部分独立运行。初步具备了一定的自动化能力，可以实现与调度之间遥测、遥信的功能。随着微处理器和通信技术的发展，远动装置的性能得到较大提高，传统变电站逐步增加了遥控、遥调，实现"四遥"功能。

传统变电站大多数采用常规的设备，尤其是二次设备中的继电保护装置采用电磁型或晶体管式设备，设备本身结构复杂、可靠性不高，而且又没有故障自诊断的能力，主控制室、继电保护室占地面积大，无法适应更高用电可靠性的要求。

图 1-1 500kV 常规变电站

2. 综合自动化变电站（1984～2005 年）

20 世纪 80 年代中期，我国开始研究变电站综合自动化技术，利用大规模集成电路组成的自动化系统，代替常规的测量和监视仪表、常规控制屏、中央信号系统和远动屏，用微机保护代替常规的继电保护屏，改变常规的继电保护装置不能与外界通信的缺陷，变电站进入综合自动化阶段。

综合自动化变电站利用计算机技术、现代电子技术、通信技术和信息处理技术，对变电站二次设备的功能进行重新组合、优化设计，建成了变电站综合自动化系统，实现对变电站设备运行情况进行监视、测量、控制和协调的功能。自 1984 年我国第一套微机保护装置挂网运行、1987 年我国第一座综合自动化变电站——望岛 35kV 变电站投运以来，综合自动化系统先后经历了集中式、分散式、分散分层式等不同结构的发展，使得变电站设计更合理，运行更可靠，更利于变电站无人值班的管理。

通过综合自动化系统，变电站内各设备间实现了相互交换信息，数据共享，完成了对变电站运行监视和控制任务。变电站综合自动化替代了传统变电站常规二次设备，简化了变电站二次接线，降低了运行维护成本；同时变电站自动化的应用，也是提高经济效益、向用户提供高质量电能的一项重要技术措施。但综合自动化变电站仍存在两点不足：①功能重复以致设备投资重复，比如保护、监控、计量分别使用各自的变送器，容易造成数据不一致且增加运行、维护的难度；②系统内使用的通信规约不统一，不同的设备厂家使用不同的通信规约，在系统联调时需要进行不同程度的规约转换，加大了调试复杂性，同样也增加运行、维护的难度。

3. 数字化变电站（2006～2008 年）

变电站综合自动化技术虽已部分实现了计算机化和网络化，但是仍存在信息无法完全共享、设备之间缺乏互操作性而无法实现一体化系统等不足。2004 年国际电工委员会颁布了 IEC 61850 协议，成为了基于通用网络通信平台的变电站自动化系统唯一国际标准，通过对设备的一系列规范化，使其形成一个规范的输出，实现系统的无缝连接。国家电网公司要求在 2006～2009 年完成基于 IEC 61850 的变电站自动化系统示范应用。行业内对该时期采用这一标准的变电站统称为"数字化变电站"。

数字化变电站是由智能化一次设备（电子式互感器、智能化开关等）和网络化二次设备分层（过程层、间隔层、站控层）构建，建立在 IEC 61850 标准和通信规范基础上，能够实现站内智能电气设备间信息共享和互操作的现代化变电站。其突出成就是实现了变电站信息的数字采集和网络化信息交互，具有全站信息数字化、通信平台网络化、信息共享标准化、高级应用互动化四个重要特征。数字化变电站体现在过程层设备的数字化，整个变电站内信息的网络化，以及断路器设备的智能化，而且设备检修工作逐步由定期检修过渡到以状态检修为主的管理模式。

数字化变电站与传统变电站自动化系统相比，不管是在各自的构成原件上还是在系统结构上都有很多差异。从元件方面，数字化变电站可以分为一次设备和二次设备两个层面，再加上一些新技术的应用，使得一、二次设备之间的联系更紧密；从结构方面，数字化变电站可分为三层——过程层、间隔层和站控层，每层之间通过以太网进行数据通信。网络进行了直接参与并且直接影响到了系统的可靠性。

1.2.2　智能变电站

数字化变电站从技术上来说，其突出成就是实现了变电站信息的数字采集和网络化信息交互，但这对于智能电网的需求来说，还是远远不够的。国家电网公司在建设统一坚强智能电网的变电环节中，提出建设智能变电站的目标。智能变电站是由先进、可靠、节能、环保、集成的设备组合而成，以高速网络通信平台为信息传输基础，自动完成信息采集、测量、控制、保护、计量和监测等基本功能，并可根据需要支持电网实时自动控制、智能调节、在线分析决策、协同互动等高级应用功能的变电站。图 1-2 所示为 500kV 智能变电站。

2009 年国家电网公司启动了两批智能变电站的试点工程建设，涉及 24 个网、省、直辖市公司，覆盖 66～750kV 不同电压等级，采用 AIS、GIS、HGIS 等设备，涵盖户外、户内、地下变电站等多种类型。截至 2012 年底，两批共 47 座智能变电站试点项目全部竣工投产。截至 2013 年底，我国累计投运智能变电站 843 座。

图 1-2　500kV 智能变电站

智能变电站与常规变电站相比最大差别体现在三个方面：①一次设备智能化；②设备检修状态化；③二次设备网络化。而智能变电站与数字化变电站有密不可分的联系。数字化变电站的部分技术是智能变电站发展的基础，智能变电站是数字化变电站发展的必然结果。基于 IEC 61850 标准的变电站网络通信是二者最大的共同点，二

者差别主要体现在：

（1）数字化变电站主要从满足变电站自身的需求出发，实现站内一、二次设备的数字化通信和控制，建立全站统一的数据通信平台，侧重于在统一通信平台的基础上提高变电站内设备与系统间的互操作性。而智能变电站则从满足智能电网运行要求出发，比数字化变电站更加注重变电站之间、变电站与调度中心之间的信息统一与功能的层次化，以在全网范围内提高系统的整体运行水平为目标。

（2）数字化变电站已经具有了一定程度的设备集成和功能优化的概念，要求站内应用的所有智能电子装置（IED）满足统一的标准，拥有统一的接口，以实现互操作性。IED分布安装于站内，其功能的整合以统一标准为纽带，利用网络通信实现。因此，数字化变电站在以太网通信的基础上，模糊了一、二次设备的界限，实现了一、二次设备的初步融合。而智能化变电站设备集成化程度更高，可以实现一、二次设备的一体化、智能化整合和集成。

（3）智能变电站在数字化变电站的基础上实现了两个技术上的跨越：①监测设备的智能化，重点是对开关、变压器的状态监测；②故障信息综合分析决策，变电站要和调度进行信息的双向交流。

智能变电站的结构在物理上可分为两类，即智能化的一次设备和网络化的二次设备；在逻辑结构上可根据IEC 61850标准分为过程层、间隔层、站控层三层，智能变电站结构如图1-3所示。

站控层用于对本站内间隔层设备及一次设备的控制，包括远动系统、继电保护故障信息系统、变电站监控系统等。站控层由通信系统、对时系统、站域系统和自动化站级监视控制系统等构成，用于完成同步向量和电能量等数据的采集、保护信息管理、监视控制以及操作闭锁等功能，进而实现整个变电站内设备的信息交互、监视、报警和控制功能。

间隔层由变电站的保护、测控计量等二次设备组成，利用本间隔的数据实现对本间隔设备的保护监测和判断。间隔层负责对一次设备进行的保护、测控等信息的采集，同时具有对一次设备下发操作闭锁等控制指令，实现对一次设备的操作控制功能。为了使其对不同指令进行同时处理能力，间隔层还应对测控信息采集、控制信息发出等不同的指令具有优先级的区别与处理机制。间隔层是一个处于站控层与过程层的中间层次，与两个层次均具有通信联系，通信繁忙时，应具有对上对下网络接口的全双工通信方式，以保证通信信道的冗余度，提高信息传输的可靠性。

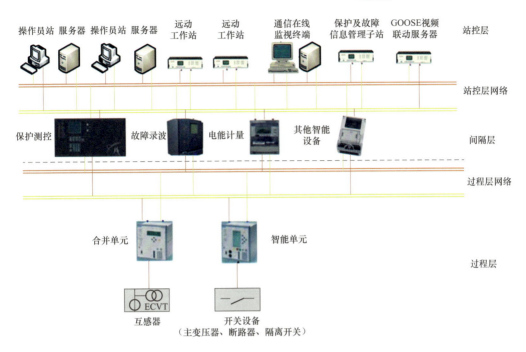

操作员站 服务器 操作员站 服务器　远动工作站　远动工作站　通信在线监视终端　保护及故障信息管理子站　GOOSE视频联动服务器　　站控层

站控层网络

保护测控　故障录波　电能计量　其他智能设备　　间隔层

过程层网络

合并单元　智能单元　　过程层

互感器　开关设备（主变压器、断路器、隔离开关）

图 1-3　智能变电站结构图

过程层包括变压器、断路器、隔离开关、电流互感器、电压互感器等一次设备及其所属的智能组件以及独立的智能电子装置，是一次设备与二次设备的结合面，主要完成运行设备的状态监测、操作控制命令的执行和实时运行电气量的采集功能，实现基本状态量和模拟量的数字化输入/输出。过程层是智能变电站的重要环节，相比传统的变电站，智能变电站的过程层可以有效地解决设备容易受干扰、高低压不能有效隔离、信息不能共享等缺点。

智能变电站在一次设备方面采用"一次设备＋智能组件"的设计思路，实现变压器、开关设备、避雷器等设备的智能化，在高级应用方面覆盖了基于全站数据采集的信息一体化系统、顺序控制、智能告警与分析、故障综合分析、设备状态可视化、站域控制等领域。建设智能变电站的意义体现在如下几方面。

（1）提高变电站运行可靠性。我国微机保护在原理和技术上已相当成熟，常规变电站发生事故的主要原因在于电缆老化接地造成误动、电流互感器特性恶化和特性不一致引起故障、季节性切换连接片易出错等。智能化变电站中采用电子式互感器，从根本上解决了电流互感器动态范围小及饱和问题，从源头保证了保护的可靠性。信息

7

传递全部采用光纤网络后，彻底解决了电缆老化问题，系统可靠性得到充分保障。二次回路设计极大简化，保护连接片、按钮和把手大大减少，显著减少运行维护人员的"三误"事故。

（2）提高信号传输可靠性。智能化变电站的信号传输均通过计算机通信技术实现，通信系统在传输有效信息的同时传输信息校验码和通道自检信息，拒绝误传信号和监视通信系统的完好性，电压互感器、电流互感器断线的判断将不再成为问题。智能化变电站二次设备和一次设备之间采用光纤连接，从根本上解决了抗干扰问题，而且也没有二次回路两点接地的可能性。

（3）节约变电站建设投资。标准化的信息模型实现了变电站信息共享，原先必须由 IED 实现的某些保护功能可以由一个软件模块实现，如母线保护、备自投等，减少设备的同时还减少了变电站的占地面积。二次回路设计简化，接线大幅减少，显著减少了电缆的投资，同时降低了安装、调试、维护工作量。智能化变电站中实现了信息共享，智能化设备提供了丰富的状态监测信息，可实现故障诊断和定位等智能化的维护工作。变电站设备间的信息交换均通过通信网络完成，在扩充功能和扩展规模时，只需在通信网络上接入新增设备，无需改造和更换原有设备，由此降低了变电站全寿命周期成本。

（4）提高设备管理水平。由于智能化变电站通信系统传输数据更加完整，通信可靠性和实时性大幅度提高，由此提高了自动化水平。一、二次设备和通信网络都可具备完善的自检功能，可根据设备的健康情况实现设备的状态检修。

1.2.3　国外变电站现状

欧美地区由于电力需求相对稳定，电网建设速度较慢，其新建变电站的需求相对较少。但即使如此，欧洲国家仍然积极投身于智能变电站的发展建设，由于欧洲国家在运变电站均为传统变电站，这些变电站设备老化问题突出，后续改造和升级的需求较为强烈，积极采用新技术、新设备来提高变电站及电网的利用效率，成为其发展智能变电站的驱动力。

欧洲的智能变电站发展思路与中国存在较大差异，利用新技术、新设备来服务于变电站的运行和维护是其核心发展理念，即在经济高效的驱动力下，围绕运行维护便利性和可靠性来开展技术研究、设备研制以及工程建设。

在变电站设备方面，ABB、SIEMENS、GE、AREVA 等公司具有一次设备、二次设备生产的能力，形成了一次和二次不断融合的科研和产业，目前其大型一次设备在与二次设备融合的同时正逐步向智能化方面发展，ABB 和 SIEMENS 等知名厂商在低压智能开关柜、智能组合电器上面已实现智能化，实现对断路器状态的在线监测和状态评估，如 AREVA 的 SICU-4 高压断路器控制装置，在进行智能化设计的同时，充分考虑了过程层设备的通信接口要求，为断路器控制领域的发展提供了新的思路和借鉴模式。在电子式互感器方面，国外从 20 世纪 60 年代末最初的电子式电流互感器（ECT）报道至今，已有四十多年的历史，电子式互感器的研究已有一些成功的经验，特别是近十年来，美国、法国、日本等技术发达国家陆续公布了他们研制的各种光学电力互感器及运行数据，其研究机构主要以 ABB 公司与 ALSTOM 公司为代表。ABB 公司 1986 年首次将光电互感器在 Tennessee Valley Authority 电网试运行。1996 年，ABB 公司研制出 362kV 等级的光纤电压互感器，误差为 0.3％。1997 年，ABB 公司成功开发出 115kV、550kV 的光电电压互感器，并有 60 余套光电互感器分别在美国、加拿大、德国和智利电网试运行。到目前为止，ABB 公司已研制出多种无源光电式互感器及有源电子式互感器，如磁光电流互感器、电光电压互感器、组合式光学测量单元、数字光学仪用互感器等。其电子式互感器已在插接式智能组合电器（PASS）、SF_6 气体绝缘断路器（GIS）、高压直流（HVDC）及中低压开关柜中得到应用。

在变电站自动化系统的建设方面，国外变电站广泛采用了基于通用网络通信平台的 IEC 61850 标准。2004 年底国外第一个应用 IEC 61850 标准的变电站在瑞士投运，目前国外主要厂家如 ABB、SIEMENS、GE、AREVA 等均已有成熟的工程建设经验。由于国外几个主要厂家如 ABB、SIEMENS、GE、AREVA 等均参与了 IEC 61850 标准的制定，因此该标准就成为实际工程建设的指导的唯一标准和规范。

1.3　新一代智能变电站

尽管现有智能变电站在技术创新、设备研制、标准制定、工程建设等领域取得了一些阶段性成果，但受现有专业分工、技术壁垒、思维定式、运维习惯等影响，目前智能变电站的整体水平与建设世界一流电网的要求还存在一定差距，在技术水平、设备水平、设计水平等方面还有较大的优化提升空间。为了更好地承载和推动第三次工业革命，2012 年初，国家电网公司启动新一代智能变电站的研究工作，提出了"以功能需求

图 1-4　110kV 新一代智能变电站

为导向，远近结合，既有创新，又具有可操作性"的新一代智能变电站概念设计方案。应用集成化智能设备和一体化业务系统，采用一体化设计、一体化供货、一体化调试模式，达到"占地少、造价省、可靠性高"的目标，打造"系统高度集成、结构布局合理、装备先进适用、经济节能环保、支撑调控一体"的新一代智能变电站。图 1-4 所示为 110kV 新一代智能变电站。

1.3.1　新一代智能变电站概念

新一代智能变电站采用 IEC 61850 通信标准、多源信息的分层与交互技术、高级协调控制与预决策分析技术，支撑各级电网的安全稳定运行和各类高级应用，实现与电力调控中心进行设备信息和运维策略的全面互动，实现基于状态检修的设备全寿命周期综合优化管理。新一代智能变电站，高可靠性网络与信息集成技术、高智能化电气设备整合技术是变电站坚强和智能的基础，高级协调控制与预决策分析技术是变电站智能化的关键。信息数字化、功能集成化、结构紧凑化、检修状态化、接口平台化、运维高效化是新一代智能变电站的技术突破点。其建设目标为：

（1）系统高度集成。设备上包括一次设备、二次设备、建筑物及它们之间的集成；系统上包括对保护、测控、计量、功角测量等二次系统一体化集成和故障录波、辅助控制等系统的融合；功能上包括变电站与调控、检修中心功能的无缝衔接。

（2）结构布局合理。对内包括一、二次设备整体集成优化、通信网络优化以及建筑物平面设计优化；对外包括主接线优化，灵活配置运行方式以适应变电站功能定位的转化和电源、用户接入。

（3）装备先进适用。设备上智能高压设备和一体化二次设备的技术指标先进、性能稳定可靠；系统上功能配置、系统调试、运行控制工具灵活高效，调控有力；通信系统安全可靠，信息传输准确无误。

（4）经济节能环保。在全寿命周期内，最大限度地节约资源，节地、节能、节水、节材，保护环境和减少污染，实现效率最大化、资源节约化、环境友好化。

（5）支撑调控一体。优化信息资源，增加信息维度，精简信息总量，支持与多级调控中心的信息传输，支撑告警直传与远程浏览，为主站系统实现智能变电站监视控制、信息查询和远程浏览等功能提供数据、模型和图形的传输服务。

新一代智能变电站是在理念、技术、设备、管理上全方位突破性的重大集成创新工作，是一项复杂的系统工程，它涉及多学科理论和多领域技术，必须采用全新的设计思路与方法。与现有智能变电站相比，新一代智能变电站的"新"主要体现在：

（1）设计理念"新"。设计理念实现由传统分专业设计向整体集成设计模式的转变，实现"以需求为导向，设计引导设备研制"的创新性思想。设计理念和设计方法不再受制于现有设备技术水平，通过整体集成设计，提出设备的功能需求，引导设备研制；采用模块化设计技术，制定规范的集成方式与接口规则，实现功能模块、设备模块、土建模块的"即插即用"；通过应用隔离式断路器等新型设备，基于站网协调的故障概率分析，优化主接线和总平面布局，提升变电站整体设计水平。

（2）设备技术"新"。新一代智能变电站将着力研制集成"传感器＋智能组件"的智能一次设备、集成式隔离断路器、高可靠电子式互感器、集成式电容器等；将原来在现场安装一次设备智能组件、传感器，转变为智能组件、传感器与一次设备在工厂内一体化制造，集成联调，实现了由一次设备智能化向智能一次设备的转变，大幅提升安装调试效率及施工工艺水平。新一代智能变电站制定实施变电站信息流方案，研制通用一体化业务平台，提高系统可扩展性；创新研制站域保护控制装置，提高保护可靠性；研制集成式就地化二次设备，提高二次设备集成度，减少设备数量，实现就地下放。新一代智能变电站在原来的单一装置检测、系统调试、现场调试三级检测调试环节中增加了工程集成调试环节。工程集成调试由二次系统集成商按照变电站实际配置及设计单位提供的虚端子图纸，在工厂内对站内全部二次设备及一次设备的二次部分进行整体功能测试，从而减少现场接线和调试工作，提高工程建设安全质量、工艺水平、工作效率。

（3）建设模式"新"。新一代智能变电站创新应用了标准化设计、工厂化加工、装配式建设三个层级的模块化建设技术。标准化设计是应用通用设计、通用设备，全面实现设计标准化；一次设备与二次设备、二次设备间采用标准化连接，实现二次接线"即插即用"；实现信息统一采集、综合分析、智能报警、按需传送，实现顺序控制等高级应用功能模块化、标准化、定制化。工厂化加工是指建、构筑物主要构件，采用工厂预制结构形式；保护、通信、监控全部二次设备间的接线及调试均由系统集成商在工厂内完成；一、二次集成设备最大程度实现工厂内规模生产、集成调试；通

过采用工厂预制光缆、预制电缆，减少现场熔接及焊接环节，实现环保高效施工。装配式建设是指建、构筑物采用装配式结构，减少现场"湿作业"；采用通用设备基础，统一基础尺寸；采用标准化定型钢模浇制混凝土，提高工艺水平；推进现场机械化施工，从而降低现场安全风险，提高施工效率及工程质量。

1.3.2　新一代智能变电站关键技术与设备

1. 主接线优化技术

以 220kV AIS 站为例，220kV 侧采用双母线接线；采用集成式隔离断路器，取消站内出线侧隔离开关，减少因隔离开关故障导致的停电，提高可靠性。110kV 侧由双母线优化为单母线分段，采用集成式隔离断路器，取消站内出线、母线侧隔离开关，实现一个间隔、一个元件，提高变电站可用性与可靠性，减少维护及故障停电。

2. 平面布局优化

（1）配电装置优化手段。通过采用高度集成化设备，缩小了变电站横向及纵向尺寸。户外 AIS 变电站应用集成式隔离断路器，取消出线侧隔离开关及接地开关，同时集成电子式互感器。应用了 SF_6 气体绝缘封闭式管母线布置代替普通管母线或常规主变压器进线。应用预制舱建筑，实现变电站紧凑布置。采用了小型化 GIS、小型化开关柜、集成式电容器等新型设备。

（2）二次屏位优化手段。间隔及过程层二次设备就地分散布置，按间隔工厂化预制。二次屏柜尺寸优化，二次屏柜的宽度由原来的 800mm 减小为 600mm。

3. 站内通信网络结构优化

基于智能化高压设备和就地化二次设备，简化过程层网络，减少交换机数量，构建变电站一体化高速以太网络。

4. 智能变压器

智能组件与变压器集成。技术特点为：智能组件与变压器有机结合，电子式互感器与套管嵌入安装，实现测量数字化、控制网络化、状态可视化、功能一体化和信息互动化特征。

5. 集成式隔离断路器

集成电子式互感器、具有隔离功能的断路器。技术特点是满足隔离开关断口要求，集成线路侧接地开关，与电子互感器一体化制造，节省占地 25%～40%。

6. 小型化气体开关柜

小型化气体开关柜为智能环境友好型金属封闭开关设备。利用真空度在线监测、绝缘状态检测等技术实现开关柜智能化；利用氮气、空气等环保气体替代 SF_6 气体，采用低气压力实现环境友好目标，降低运行成本，有效节约占地 $30\%\sim40\%$。

7. 集成式无功设备

采用串联电抗器与并联电容器一体化设备，降低故障概率，减少运行维护量，延长使用寿命，整体形式美观，实现紧凑型布置，节省占地面积。

8. 电子式互感器

110kV 及以上电压等级采用电子式互感器，35kV/10kV 主变压器进线采用电子式互感器，对贸易结算点配置常规互感器。电子式互感器根据所集成设备的形式，进行经济技术比较，合理选型。GIS、HGIS 设备当出线回路需配置电压互感器时，采用电子式电流、电压互感器。

9. 层次化保护控制系统

层次化保护控制系统提供就地级—站域级—广域级的分层分级保护体系。就地级保护满足快速可靠切除故障的要求，站域级保护控制提升公用保护控制性能，广域级保护控制实现区域电网层面的协调控制。

（1）就地快速保护。利用本地信息，元件保护实现间隔快速保护和分布式母差保护子单元功能，满足条件时就地下放布置，减少二次设备室屏位。

（2）站域保护控制。利用共享信息，站域集中实现失灵保护、备自投、小电流接地选线、低周/低压减负荷等功能，提升保护控制智能化水平。

（3）广域保护控制。基于区域电网三态信息，实现电网后备保护定值自调整、安全稳定控制功能，适应电网运行方式的变化及新能源分布式接入。

10. 间隔集成二次设备

（1）多功能测控装置。集成测控、同步相量测量和非关口电能计量功能。

（2）保护测控合一装置。集成保护、测控、非关口电能计量功能。

（3）合智一体装置。集成合并单元、智能终端功能。

（4）多合一装置。集成保护、测控、合并单元、智能终端、非关口计量功能。

11. 一体化业务平台

一体化业务平台是站级业务功能的支撑平台，运行在监控主机和综合应用服务器之上，由基础平台、公共服务和统一访问接口三部分组成，可通过标准化的接口接入第三方的扩展应用模块，共同完成电网监控、设备监测及各类运行管理与维护业务，具有平台开放、可扩展、易维护、按需配置的特征。

一体化业务平台的作用为：①实现平台与应用无缝结合，方便第三方软件接入与升级；②搭建了全景信息平台，深度支撑高级应用功能。

高级应用包括：

（1）顺序控制。一键式操作，实现断路器、隔离开关、无功装置程序化控制，提高运检效率，避免了人为误操作事故。

（2）源端维护。数据源头标准化，模型维护本地化，进行站端数据预处理，全面支撑调控一体。

（3）智能告警。梳理告警信息、进行筛选过滤、实时分析、自动推送，实现智能预告警。

（4）状态可视化。对状态监测数据进行综合分析、故障诊断，以声光、报表曲线等形式直观的显示和报警。

12. 设备在线监测技术

一次设备在线监测深化研究隔离断路器、断路器机械特性、SF_6气体密度、分合闸线圈电流等；创新应用二次设备和二次回路的在线监测技术，二次设备在线监测包括CPU温度、光口的光强与温度、电源电平输出等。二次回路的在线监测包括过程层网络通信和纵联通道通信等，实现了继电保护的状态检修。

13. 模块化建设技术

（1）实现最大化工厂预制，最小化现场安装。预制舱式预制技术，预制舱式低压开关设备、预制舱式二次组合设备采用前接线保护装置，实现二次组合设备单舱双列布置无需侧壁开门。装配式建设技术包括装配式围墙、防火墙，预制式电缆沟、电缆支架，预制式设备基础。

（2）创新设备招标模式，实现一体化设计制造调试。

1）一、二次设备集成。以一次设备厂家为主体，智能组件厂家配合，实现一、二次设备一体化设计制造，优化一、二次设备之间回路设计，优化智能控制柜布置及尺寸，在工厂内对一、二次设备进行了全面的测试及调试。

2）工程集成调试。二次系统集成商在工厂内完成站内全部二次设备间的接线与集成调试，减少现场调试工作量、提高建设效率。

1.3.3 新一代智能变电站典型应用介绍

2013 年，国家电网公司六个新一代智能变电站示范工程如期投运，在集成化设计、智能设备制造、模块化配送式建设等核心技术方面取得重大突破。六个示范工程分别为：①重庆大石 220kV 新一代智能变电站示范工程（220kV 户外 AIS）；②北京未来城 220kV 新一代智能变电站示范工程（220kV 户内 GIS）；③湖北未来城 110kV 新一代智能变电站示范工程（110kV 户外 AIS）；④北京海鹊落 110kV 新一代智能变电站示范工程（110kV 户内 GIS）；⑤天津高新园 110kV 新一代智能变电站示范工程（110kV 户内 GIS）；⑥上海叶塘 110kV 新一代智能变电站示范工程（110kV 户内 GIS）。

六个示范工程贯彻"安全可靠、功能集成、配置优化、工艺一流、经济高效"的设计原则，选用集成化、小型化的智能设备，采用模块化设计、标准化接口、工厂化预制、插拔式连接、积木式安装的建设模式。工程的实施全面考核检验了新一代智能变电站的设备性能与功能，积累了新一代智能变电站技术研究、设备制造、工程建设、运维控制等方面的经验，提高了新一代智能变电站设备制造技术水平。以湖北未来城 110kV 新一代智能变电站示范工程为例，其成果如下。

（1）系统高度集成、结构布局合理。武汉未来城 110kV 变电站中，110kV 侧采用集成电子式电流互感器的隔离式断路器和集成电子式电压互感器的封闭式绝缘管母，10kV 侧采用集装箱式建筑物封装方案，实现了一次设备高度集成，采用"三层一网"网络架构，将过程层、间隔层和站控层设备统一连接到站控层网络，实现了全站信息共享，构建"就地—站域—广域"三层保护控制体系，实现了二次系统及功能的高度集成。通过采用隔离式断路器、封闭式气体绝缘管道母线、电子式互感器、智能变压器、小型化成套开关柜、集成式无功补偿等智能设备，使其紧凑合理分布，将围墙内占地面积减少了 46.9%；通过将线路间隔保护装置下放至本地智能组件柜，减少了二次设备屏位；采用站用一体化电源系统供电，使得二次设备更加集中，优化了站内设备场地布局。图 1-5 为保护、监控、计量设备高度集成实物图。

（2）装备先进适用。试点工程在 110kV 侧应用集成了接地开关、电子式电流互感器和基于在线监测装置的隔离式断路器，大大增加了断口绝缘强度，兼具传统断路器和隔离开关的双重功能，取消了母线及出线侧的隔离开关，既减少了站内一次设备的数量，还避免了因隔离开关长期暴露在空气中运行可靠性变差的问题。

全站二次设备间的连接均采用标准预制式光缆，避免了现场熔接光纤，真正实现了"即插即用"，减少安装工作量50%，避免光纤现场熔接环境差、易断芯等问题。预制式光缆如图1-6所示。

图1-5　保护、监控、计量设备高度集成实物图　　　图1-6　预制式光缆

（3）经济节能环保。未来城变电站大量应用智能化的一次设备，最大程度实现了土地资源的有效节约。全站采用装配式实体围墙、清水现浇防火墙、预制式电缆沟，并实现工厂化生产模式，体现了经济环保的理念。全站采用质量轻、价格低的光纤替代传统的控制电缆，节省了有色金属使用量。全站采用的集装箱体材料到达使用设计年限后，可拆除并再利用，更加有利于节能和环保。集成舱如图1-7所示。

图1-7　集成舱

（4）支撑调控一体。未来城变电站采用"大二次"整体设计理念，采用了全站监控、在线监测及辅助控制系统一体化方案，实现了设备告警信息直传、故障信息分析决策、站端顺序控制、站域控制、"五防"闭锁、辅助控制系统智能化等高级应用功能，以满足"大运行"模式下调控一体的管理需求。

（5）施工建设方面。基础采用清水混凝土施工工艺，表面光洁平整，棱角顺直；道路采用路面圆弧预拱和边棱倒角工艺，防止路面积水和路沿损坏；操作便道选用透水砖，维护方便、经久耐用，有效防止积水。二次接线横平竖直，防火封堵平整严实，电缆接地规范，整体工艺美观；引流线安装弧度一致，走向自然、工艺精美；采用二维扫描码对人员、机具、材料进行管理，严格准入机制。

1.3.4　新一代智能变电站高寒地区应用难题

为巩固新一代智能变电站创新成果，在融合配送式变电站技术基础上，按照国家电网公司统一部署，2014 年开展 48 座 110～220kV 新一代变电站扩大示范工程建设。

中国幅员辽阔，南北相距 5500km，跨越的纬度近 50°，同时各地距海远近差距较大，加之地势高低不同，地形类型及山脉走向多样，形成了多种多样的气候，因此新一代智能变电站在全国范围内的推广必然需要面对多种气候条件。我国所处的纬度位置造成南北气候差异大，而第一批新一代智能变电站试点均设立在北京以南地区，全年气温高，寒暑变化不大，其部分关键设备暂不能满足在高寒地区恶劣气象条件下的运行工况。

高寒地区季节温差和昼夜温差大，冬季寒冷漫长，夏季干旱暴热，春秋风沙严重，特殊环境导致地面植被脆弱，沙漠戈壁多见。电网建设在高寒地区受季节和环境影响，施工进度和施工质量难以保证。新一代智能变电站的预制式模块化建设可很好地实现电网工程快速建设、经济节能环保等高寒地区电网建设的特殊要求，但在材料选择、施工方法、运行维护、造价控制等方面需进一步论证。新一代智能变电站在高寒地区推广面临的新问题主要体现在以下两个方面。

（1）新一代智能变电站试点中多采用隔离断路器，目前国内厂家生产的隔离断路器使用条件最低温度不能低于 $-30℃$。而高寒地区极端最低气温可达 $-40℃$ 以下，低温导致 SF_6 气体液化丧失绝缘能力，严重影响变电设备和电网的安全稳定运行。

（2）预制舱在严寒地区应用存在冻胀、积雪、覆冰等气候影响，需要结合严寒高纬度地区环境条件，提出有针对性的解决措施，包括预制舱的保温与节能通风措施，坡顶设计的融雪除雪措施，以及适应严寒天气的预制舱防腐与防冻措施。

针对上述问题，扩大示范建设工程项目之一的吉林永吉 220kV 变电站提出了相应解决方案。

（1）断路器方面采用应用较为成熟的罐式断路器。在结构上，罐式断路器可采用伴热带的设计解决了 SF_6 液化的问题，极寒天气条件下仍可保证罐内温度不低于

−20℃。此结构还可将电子式电流、电压互感器安装于断路器出线套管与罐体连接的法兰部位，使电流、电压传感部件嵌套组合成为断路器的一个部件，既响应了新一代智能变电站深度集成建设的需求，又达到降低制造成本、减小设备占地的目的。集成电子式电流、电压互感器的罐式断路器如图 1-8 所示。

（a）　　　　　　　　　　　　　（b）

图 1-8　集成电子式电流、电压互感器的罐式断路器

（a）永吉站电子互感器组合装配图；（b）罐式断路器现场装配图

（2）舱体结构设计需考虑严寒地区的气候特征，构造双层建筑围护结构，达到冬季保暖、夏季隔热、节能环保的目的。对承重钢结构钢材的选用型材应按照《钢结构设计规范》（GB 50017—2003）的规定，并结合严寒地区钢材使用原则，提高钢材选用标准。

（3）舱门应考虑严寒地区出入防寒避风设计，具有保温隔热节能经济性能。舱体宜采用双坡屋顶结构，屋面坡度不小于 30°，预防积水和积雪。屋顶应支持自动除雪功能，含就地及远方控制模式。

图 1-9　永吉 220kV 变电站预制舱

舱体底部应考虑保温性能设计。屋面板应采用轻质高强度、耐腐蚀、防水性能好的材料；中间层应采用不易燃烧、吸水率低、密度和导热系数小，并有一定强度的保温材料；舱内应设置空调、电暖器、风机等采暖通风设施，采用新风和空调联动设计，满足二次设备运行环境和节能环保要求。应用于高寒地区的预制舱如图 1-9 所示。

采用适于高寒地区新一代智能变电站的智能化变电设备是保证新一代智能变电站在高寒地区顺利投运的先决条件。吉林永吉 220kV 变电站在新设备、新技术应用以及建设、施工工艺上采用了多项关键创新技术。其经验成果在高寒地区新一代智能变电站的全面建设中具有推广意义。

第2章

模块化预制建设技术

　　模块化预制建设技术是将新一代智能变电站中施工量大、建设周期长、建设质量难于控制的部分划分成若干模块，采用工厂预制的模式，完成设备/设施的加工、制作、安装、配线、调试等工作，作为一个整体运输至工程现场，实现最大化工厂预制、最小化现场安装的目的。本章从预制舱建筑、装配式围墙和防火墙、预制式光电缆及现场应用等方面对模块化预制建设技术进行论述，为实现新一代智能变电站功能模块、设备模块、土建模块的"即插即用"提供技术支撑。

2.1　预　制　舱　建　筑

2.1.1　预制舱概念

　　"预制舱建筑"的概念可以理解为采用一个或多个类似于标准集装箱的箱体组合（目前多采用轻钢结构形式），定位安装后形成的所需建筑物。通过分析新一代智能变电站建筑空间的特性需求，认为"预制舱建筑"可以提供低压开关柜室、二次设备间、辅助生产用房等建筑的室内空间需求。

　　预制舱式二次组合设备由预制舱、舱体辅助设施、二次设备屏柜（或机架）等组成，在工厂内完成设备设施安装、配线、调试等工作，并作为一个整体运输至工程现场。这种成套预制舱整机运至现场，完成一个交钥匙工程，现场施工简便、周期短、方便且经济。预制舱可为单个舱体，也可为多个分舱体拼接而成。舱内根据需要配置消防、安防、暖通、照明、通信、智能辅助控制系统等辅助设施，其环境满足变电站二次设备运行条件及变电站运行调试人员现场作业的要求。

　　预制舱的舱体以集装箱为蓝本进行设计，集装箱是指具有一定强度、刚度和规格专供周转使用的大型装货容器。按国际标准化组织（International Organization for Standardization，ISO）第 104 技术委员会的规定，集装箱应具备下列条件：①能长期反复使用，具有足够的强度；②途中转运不用移动箱内货物，就可以直接换装；③可以进行快速装卸，并可从一种运输工具直接方便地换装到另一种运输工具；④便于货物的装满和卸空；⑤具有 $1m^3$ 或以上的容积。满足上述 5 个条件的大型装货容器称为集装箱。常用的国际标准加高集装箱为 20（国标 1CC）、30（国标 1BBB）、40ft（英尺）（国标 1AAA）集装箱，其规格尺寸见表 2-1。为满足预制舱整体运输、快速安装的要求，其设计尺寸应参照集装箱设计规格。

预制舱建筑与传统钢筋混凝土建筑不同，它与电气设备之间的联系更加紧密，具备一些突出的建造优势。

1）预制舱建筑具有产品特性，是标准化产品，具有工业化的发展前景。

2）建筑工程由现场施工转变为工厂定制、整体运输、现场组装的工厂化生产过程。

3）电气设备安装、电缆光纤连接均在工厂完成，安装调试工作也大部分转移到工厂完成，使建筑与电气设备进一步融合。

表 2-1 常用标准集装箱规格

规格		尺寸（长×高×宽）（mm×mm×mm）	容积（m³）	皮重（t）	载重（t）	单位承重（t/m²）
20ft	外	6058×2896×2438	33.3	1.7	23	1.68
	内	5898×2646×2350				
30ft	外	9125×2896×2438	44.95	2.55	24	1.19
	内	8965×2646×2350				
40ft	外	12192×2896×2438	66.55	3.4	27	1.02
	内	12032×2646×2350				

2.1.2 预制舱发展现状及未来展望

国家电网标准配送式新一代智能变电站中，二次设备预制舱发展主要经历两个阶段：①集装箱式，采用常规集装箱改装，其外墙为瓦楞钢板，内衬以辅助加强钢管，内饰板为聚氨酯发泡成型板，但不满足防潮隔湿、防腐、保温等要求；②轻钢结构式，采用轻钢结构整体焊接成型，外墙采用纤维水泥板拼接，辅以保温层与彩钢板。这两种方式主材采用碳钢或不锈钢型材，外墙与内饰板采用板材拼接形式，设计修改方便，自重较轻。轻钢结构式较集装箱式有很大进步，但缺点是施工工艺复杂、表面处理困难、钢材易腐蚀、使用寿命短，由于板材拼接，存在多处冷热桥。

未来预制舱的发展方向为采用玻璃纤维复合材料和整体浇筑工艺的预制舱。应用 GRC（Glass fiber Reinforced Concrete）玻璃纤维复合墙体式预制舱，GRC 玻璃纤维复合墙体采用 GRC、螺纹钢筋及保温层整体浇注成型，并与底座可靠连接。这种方式采用 GRC 玻纤墙体整体浇筑工艺，耐腐蚀、抗凝露，GRC 抗冻性良好，可适用于高寒地区。其主材 GRC 材料后期维护方便，使用寿命超过 40 年且采用整体浇筑工艺，冷热桥问题得到大大缓解。

2.1.3 预制舱设计的引用标准

预制舱设计的引用标准应符合表 2-2。

表 2-2 预制舱设计的引用标准

GB 17945	消防应急照明和疏散指示系统
GB 50009	建筑结构荷载规范
GB 50011	建筑抗震设计规范
GB 50016	建筑设计防火规范
GB 50034	建筑照明技术标准
GB 50054	低压配电设计规范
GB 50116	火灾自动报警系统设计规范
GB/T 17626	电磁兼容　试验和测量技术
GB/T 19001	质量管理体系　要求
DL/T 5136	火力发电厂、变电站二次接线设计技术规程
DL/T 5390	火力发电厂和变电站照明设计技术规定
Q/GDW 383	智能变电站技术导则
Q/GDW 393	110（66）kV～220kV 智能变电站设计规范

2.1.4 预制舱舱体工艺要求

通过以上介绍可以发现预制舱建筑的建筑物特性似乎更少，整体设备的概念更强。实际应用时应充分考虑建造、安装、运行等各方面的影响因素，基本要求如下。

（1）预制舱建筑应满足整体运输、快速安装的要求。

（2）预制舱建筑应具备坚固耐用的建筑结构属性。

（3）预制舱建筑应具有空气调节、通风、保温隔热、防火、防水、防腐蚀等基本建筑功能。

（4）预制舱建筑内部设备应布置合理，满足设备运行检修对空间及环境要求。

1. 预制舱舱体结构要求

（1）舱体的重要性系数应根据结构的安全等级设计，设计使用年限按 40 年考虑。

（2）舱体宜采用钢结构体系（包括钢柱结构和压型钢板结构），屋盖宜采用压型钢板屋面板和冷弯薄壁型钢檩条结构，围护结构外侧应采用功能性、装饰性一体化的免维护材料，内侧应采用轻质高强、耐水防腐、阻燃隔热面板材料，中间应采用不易燃烧、吸水率低、保温隔热效果好的材料。

（3）采用钢柱结构的舱体，主刚架可采用等截面实腹刚架，柱间支撑间距应根据箱房纵向往距、受力情况和安装条件确定。当不允许设置交叉柱间支撑时，可设置其他形式的支撑；当不允许设置任何支撑时，可设纵向刚架。在刚架转折处（边柱柱顶和屋脊）应沿舱体全长设置刚性系杆。

（4）采用压型钢板结构的舱体，宜参照集装箱结构标准制造，其门、通风孔等开孔不宜破坏原箱体的承重结构，否则应采取结构措施予以补强。

（5）舱体起吊点宜设置在预制舱底部，吊点应根据舱内设备荷载分布经详细计算后确定吊点位置及吊点数量，确保安全可靠。

（6）结构自重、检修集中荷载、屋面雪荷载和积灰荷载等，应按现行国家标准GB 50009《建筑结构荷载规范》的规定采用，悬挂荷载应按实际情况取用。

（7）舱体的风荷载标准值，应按 CECS 102《门式刚架轻钢结构技术规程》附录A 的规定计算。

（8）地震作用应按现行国家标准 GB 50011《建筑抗震设计规范》的规定计算。

（9）舱体骨架应整体焊接，保证足够的强度与刚度。舱体在起吊、运输和安装时不应变形或损坏。钢柱结构的舱体钢结构变形应按 CECS 102《门式刚架轻钢结构技术规程》的要求计算。

（10）舱门设置应满足舱内设备运输及巡视要求，采用乙级防火门，其余建筑构件燃烧性能和耐火极限应满足 GB 50016《建筑设计防火规范》的规定。舱体一般不设窗户，采用风机及空调实现通风。

（11）舱体宜采用双坡屋顶结构，屋面坡度不小于 5%，北方地区可适当增大屋面坡度，预防积水和积雪。屋面板应采用轻质高强、耐腐蚀、防水性能好的材料；中间层应采用不易燃烧、吸水率低、密度和导热系数小，并有一定强度的保温材料。

（12）舱体屋面宜采用有组织排水，排水槽及落水管与舱体配套供货，现场安装，对于寒冷地区可采用散排。空调排水管宜采用暗敷或槽盒暗敷方式。

（13）舱底板可采用花纹钢板或环氧树脂隔板。舱地面宜采用陶瓷防静电活动地板，活动地板钢支架应固定于舱底。防静电活动地板高度宜为 200～250mm，应方便电缆敷设与检修。

（14）舱体与基础应牢固连接，宜焊接于基础预埋件上。舱体与基础交界四周应用耐候硅酮胶封缝，防止潮气进入。

（15）二次设备用控制柜等在箱内沿预制舱长度方向放置，沿每列屏柜舱底板上

布置两根槽钢（5 号以上），与底板焊接作为控制柜安装基础，机柜底盘通过地脚螺栓与槽钢固定，螺栓规格 M12 以上。

（16）舱体结构必须采取有效的防腐蚀措施，构造上应考虑便于检查、清刷、油漆及避免积水。经过防腐处理的零部件，在中性盐雾试验最少 196h 后应无金属基体腐蚀现象。

2. 预制舱舱体防沙、防尘工艺要求

（1）预制舱箱体要满足防沙、防尘的要求。内部特别是各个电气柜和自动化柜内部不能有沙尘进入。

（2）在检修通道下部的进风口安装 100 目不锈钢防沙网，只是在检修时打开密封。顶盖屋檐下排风口需安装阻燃海绵网，且仅在检修进入工作人员时打开安装在上部的通风密封板。

（3）在环境恶劣的特殊变电站，可以使用门缝、窗缝的双重密封设计。

（4）一般的二次控制电缆可以经航空插头进入智能控制箱。

（5）二次控制电缆不能经航空插头进入智能控制柜的，必须单电缆经护套紧固后穿体，不得有缝隙存在。

3. 预制舱舱体防水技术要求

各种环境下，水、灰尘进入机柜的途径有：风道和结构性结合部位（门缝、进出电缆口、结构件结合缝隙）。因此，设备的防水、防尘设计主要针对这三处地方来进行密封处理，使柜内环境与外界环境有一定程度的隔离，来达到最终的设计目的。

（1）避免积水结构。

1）不应形成凹形，减少腐蚀机会。如平面转接处应向下平滑，设备的外罩恰当地倾斜以使水流走，在可能积水和留存湿气的空间，应开设排水孔和排气孔。

2）需要表面处理的零件应尽量避免盲孔。若不可避免，孔或槽的深度应尽可能在其宽度（或直径）的 50% 以内，宽度或直径应尽量大。

（2）避免会进水的缝隙。在加工过程中或设备工作时会导致积水的缝隙应尽可能避免。需要进行表面处理的结构件，应尽可能避免夹缝，除非能确保该夹缝不会进入溶液或结构上难以实现。如一些搭接点焊的结构应谨慎采用，尤其是需要电镀的部分；如果非用搭接点焊不可且将进行化学腐蚀的表面处理，则应该采用"胶接点焊"工艺，以防止夹缝中截留酸、碱溶液。

4. 预制舱舱体防腐措施

提高设备使用寿命是输变电工程全寿命周期管理的重要措施之一。国家电网公司基建〔2012〕386 号《关于印发国家电网公司输变电工程提高设计使用寿命指导意见（试行）》的通知中明确提出："新设计建设的输变电工程建构筑物使用寿命达到 60 年以上，主要一次设备使用寿命达到 40 年以上，主要二次设备使用寿命达到 20 年以上"。

预制式二次组合设备舱体作为变电站内主要二次设备放置、运行场所，随着设备制造集成化程度的提高，舱体已成为二次设备的一部分，因此，舱体的设计不应成为影响设备使用寿命的"短板"。

根据装配式变电站建设要求，预制式二次组合设备将集成部分二次设备，实现一体化设计、安装、运输，一般采取户外布置方式，相比而言，其运行环境较户内配电装置要恶劣许多，不仅要经受长时间的日照辐射，而且外部环境的清洁度也差许多（温湿度、腐蚀性气体、酸雨等）。因此，如何解决降低长时间日照及恶劣的外部环境对设备使用寿命的影响，是提高设备使用寿命重要措施之一。

智能模块化变电站用 HGIS 设备主体为合金铝材料，预制舱舱体除使用不锈钢材料外，高压组合电器支架、避雷器支架、中性点组合电器支架、支撑平台（或支撑载体）环形接地线以及变压器连接底座、智能舱箱体底座均使用热浸锌工艺处理。

热浸锌是将除锈后的钢构件浸入 600℃ 左右高温熔化的锌液中，使钢构件表面附着锌层，锌层厚度对 5mm 以下薄板不得小于 $65\mu m$，对厚板不小于 $86\mu m$，从而起到防腐蚀的目的。这种方法的优点是耐久年限长、生产工业化程度高、质量稳定，因而被大量用于受大气腐蚀较严重且不易维修的室外钢结构中，如大量输电塔、通信塔等。近年来，大量出现的轻钢结构体系中的压型钢板等，也较多采用热浸锌防腐蚀。热浸锌的首道工序是酸洗除锈，然后是清洗，这两道工序必须处理彻底，否则会留下防腐蚀隐患。对于钢结构设计，应该避免设计出具有相贴合面的构件，以免贴合面的缝隙中酸洗不彻底或酸液洗不净，造成镀锌表面流黄水的现象。

除使用不锈钢和热浸锌的部件外，其他箱体和柜体的金属材料按照 ISO 12944-2，C5-1 防腐蚀等级做防腐蚀处理。

5. 预制舱温度调节措施

预制舱需采用合适的温度调节方案，以满足房间内设备对环境需求。设备对环境温度较为敏感，在布置预制舱空调通风系统及散热系统时，建议结合预制舱的拼接方式、工作环境、尺寸大小以及舱内机柜布置方式等因素进行预制舱的热仿真，最终确定满足条件的布置方式及温度调节方案。在箱体地面或顶面敷设纵向导风措施，引导冷（热）风沿纵向流动，均匀不断地通过设备区，向上或向下送出冷（热）空气，从而达到空气调节的效果。

6. 预制舱舱体材料选择

二次预制式设备舱按制造材料可以分为以下几种。

（1）钢质预制舱。钢质预制舱的框架和箱壁板皆用钢材制成。钢质预制舱的最大优点是强度高、结构牢、焊接性和水密性好、价格低、不易损坏，易修理；主要缺点是自重大、防腐蚀性比较差。

（2）铝合金预制舱。铝合金预制舱是由铝合金型材和板材构成的预制舱，主要优点是自重轻，不易生锈且外表美观、弹性好、不易变化；主要缺点是造价高，受碰撞时易损坏。

（3）不锈钢预制舱。不锈钢预制舱与钢质预制舱相比，防腐蚀性能高，维修费用低，使用年限长，同时，由于不锈钢的强度大，可以采用较薄的板材，有利于减轻箱体质量，但是不锈钢制箱体一次性投资较大。

（4）金邦板预制舱。它是以水泥、粉煤灰、硅粉、珍珠岩为主要原料，加入复合纤维增强，经真空高压挤出成型，并经高温高压蒸气养护、精细加工与多层喷涂而成。它具有绿色环保、轻质高强、隔音隔热、耐水防火、耐候抗冻等方面的特点。缺点是刚性较差，受碰撞后易破损且舱壁较厚，影响预制舱内空间。

2.1.5　预制舱舱体电磁兼容设计

在雷击过电压、一次回路操作、开关场故障及其他强电磁干扰作用下，在二次回路操作干扰下，预制舱内二次组合设备各装置包括测量元件、逻辑控制元件，均不应误动作且满足技术指标要求。装置不应要求其交直流输入回路外接抗干扰元件来满足有关电磁兼容标准的要求。系统装置的电磁兼容性能应达到表2-3的等级要求。

表 2-3　　　　　　　　系统装置的电磁兼容性能等级要求

序号	电磁干扰项目	依据的标准	等级要求
1	静电放电干扰	GB/T 17626.4-2	4 级
2	辐射电磁场干扰	GB/T 17626.4-3	3 级
3	快速瞬变干扰	GB/T 17626.4-4	4 级

序号	电磁干扰项目	依据的标准	等级要求
4	浪涌（冲击）抗扰度	GB/T 17626.4-5	3 级
5	电磁感应的传导	GB/T 17626.4-6	3 级
6	工频磁场抗扰度	GB/T 17626.4-8	4 级
7	脉冲磁场抗扰度	GB/T 17626.4-9	5 级
8	阻尼振荡磁场抗扰度	GB/T 17626.4-10	5 级
9	振荡波抗扰度	GB/T 17626.4-12	2 级（信号端口）

（1）模块化变电站控制室使用法拉第笼原理防雷设计，其中屏蔽网格取不大于 3m。这是因为：例如取首次雷击为 100kA 的大雷电流，雷击点与屏蔽空间之间的平均距离为 50m，屏蔽材料为铝材，屏蔽网格为 3m 的栅形大空间屏蔽空间，其磁场强度为

$$H_1 = H_0/10^{SF/20} \qquad\qquad (2\text{-}1)$$

$$= \frac{i_0/2\pi S_a}{10^{[20\lg(8.5/W)]/20}}$$

$$\approx \frac{(100 \times 10^3 \text{A})/(2 \times 3.14 \times 50)}{10^{[20\lg(8.5/3)]/20}}$$

$$\approx 112.5(\text{A/m})$$

将式（2-1）的计算结果换算成磁感应强度约为 1.4Gs，不足以引起计算机的永久性损坏。若在后续防雷区内还有屏蔽网格，则可按式（2-1）计算，得出的磁场强度进一步减少。然而，靠单一屏蔽难以达到预期防护效果，因此，必须采取多重屏蔽，利用建筑物钢筋网组成的法拉第笼设备屏蔽柜金属外壳、装置金属外壳等逐级屏蔽且设备应尽可能地放在建筑物中心部位。

（2）电磁兼容设计主要从部件布局、布线、屏蔽、接地和材料等几个方面考虑。部件布局、布线和屏蔽重点考虑电压和电流种类。电气屏柜接地是整个模块化变电站各模块接地技术的一个组成部分。接地不但关系到安全，而且是电磁兼容设计的一部分。电气屏柜内每个大的金属机械模块之间均进行良好的电气连接，内部的电子设备外壳通过电缆连接到柜内的接地端子上，金属连接器外壳、电缆屏蔽层也均与柜体进行良好的电气连接。柜体上同时预留和支持平台（或支撑载体）相连接的接地点。整个接地系统、接地电缆的截面和长度、接地点的位置和数量满足要求。所有的接地点都必须有接地标识符号。接地端子和接触面应采取适当的防腐蚀、防电蚀措施。

2.1.6 其他辅助设施

1. 照明

预制舱的照明系统应按照 DL/T 5390—2014《发电厂和变电站照明设计技术规定》及 GB 50034—2013《建筑设计照明标准》相关要求进行设计，布置时需满足照度要求且美观大方。

2. 监控

可在预制舱内部根据需求设置摄像头，监视内部运行情况。

3. 消防、烟雾监控和报警

烟雾报警器由两部分组成：①用于检测烟雾的感应传感器；②声音非常响亮的电子扬声器，可实现一旦发生危险及时警醒的功能。

4. SF_6 泄漏报警

预制舱含 SF_6 设备时，需设置 SF_6 气体泄漏检测装置。该装置运用红外光谱吸收技术，与其他检测技术相比，检测精度高，稳定可靠，不受环境温湿度等条件限制。试验证明，当特定波段的红外光通过 SF_6 气体时，这些气体分子对特定波长的红外光有吸收，其吸收关系服从朗伯—比尔吸收定律，即吸收与 SF_6 气体浓度呈现自然指数关系。当 SF_6 浓度超过设定值时起动风机排气，并起动报警装置。

5. 舱内温、湿度控制

舱内温、湿度由专用温、湿度控制仪控制，通过温、湿度控制传感器的信号控制，达到设定温度后自动起动空调压缩机进行降温，当达到设定湿度后自动起动空调除湿功能。舱内两台空调可设置不同的温湿度值，实行阶梯式控制，以节省用电。

2.1.7 预制舱的运输

新一代智能变电站由于采用预制式建筑预制舱，预制舱的尺寸一般是按照标准集装箱的尺寸建造。由于预制舱内设备在厂家出厂前已经进行了安装，舱体自重很大。预制舱在运输时，需要重点考虑车辆超限、超载情况及道路自身条件。本节从车辆超限、超载认定标准及《中华人民共和国道路交通管理条例》，得出新一代智能变电站的运输注意事项。

1. 车辆超限超载认定标准

公安部、原交通部 2004 年下发《关于进一步加强车辆超限超载集中治理工作的通知》。交通部门指出，对于二轴车辆车身和货物总重超过 20t、三轴车辆车货总重超过 30t、四轴车辆车货总重超过 40t、五轴车辆车货总重超过 50t、六轴及六轴以上车辆车货总重超过 55t 等五种情形应认定为超限超载车辆并予以纠正。国家对车辆形式及相关要求见表 2-4。

表 2-4　　　　　　　　　国家对车辆形式及相关要求

轴数	车辆形式及相关要求	车货总质量（t）
2	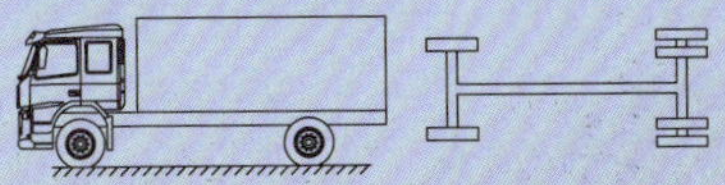	20
3	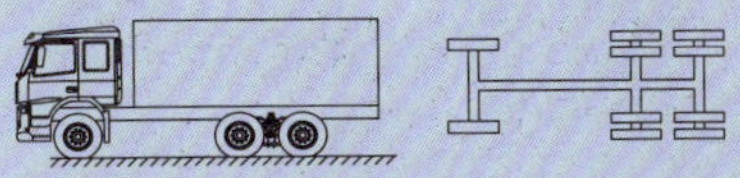	30
4	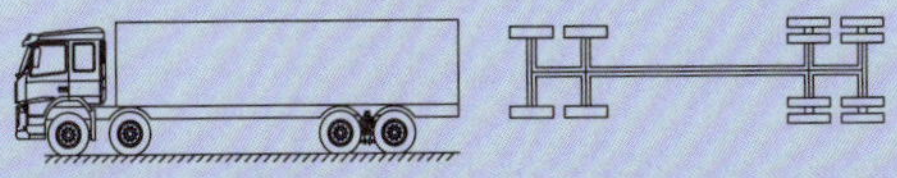	40
5	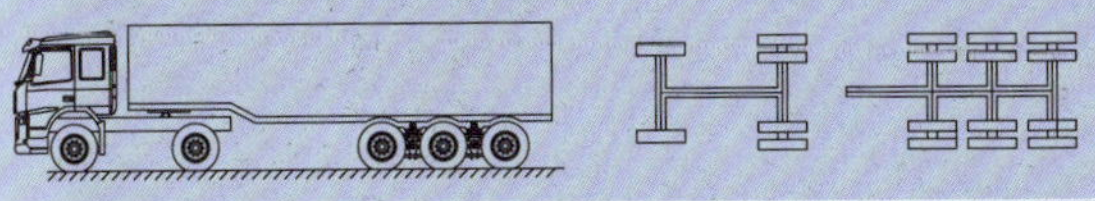	50
≥6	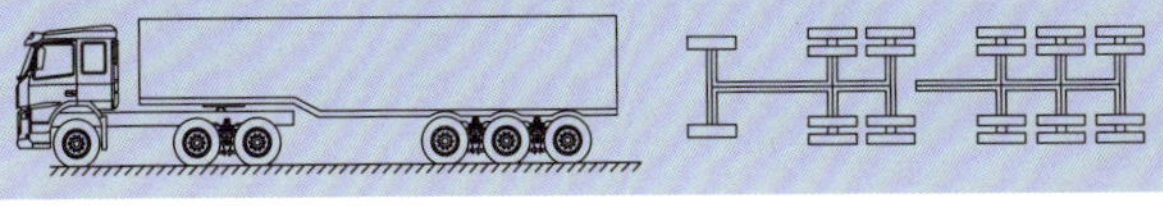	55

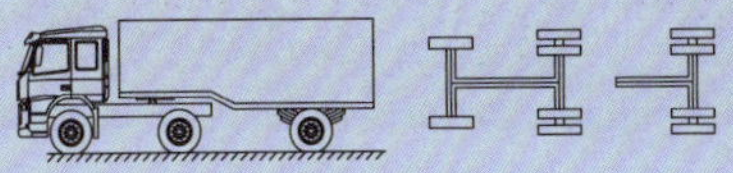

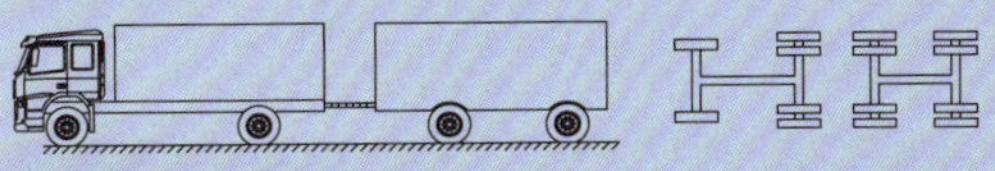

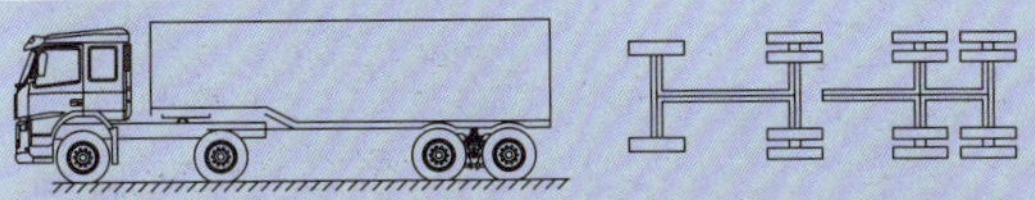

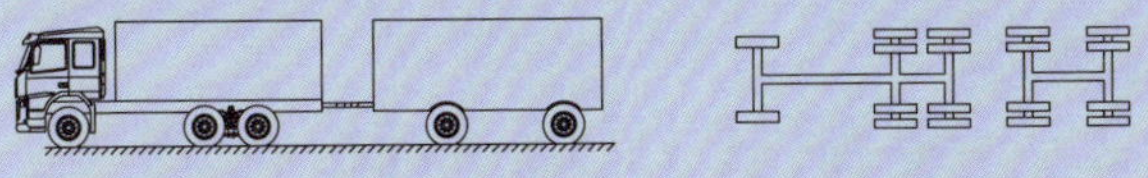

注　1. 由汽车和全挂车组合的汽车列车，被牵引的全挂列车总质量不得超过主车的总质量。
　　2. 除驱动轴外，上述图示中的并装双轴、并装三轴以及半挂车和全挂车，每减少两轮胎，其总质量限值减少 4t。

2. 预制舱包装运输

按照《中华人民共和国道路交通管理条例》第三十条规定：高度从地面起不能超过4m，宽度不准超出车厢，长度前端不准超出车身，后端不准超出车厢 2m，超出部分不准触地的要求。根据预制舱体情况，以 40ft 预制舱为例，选用的长途挂车参数如下。

车厢全长采用 17.5m，整机全宽 3m，运输质量 35t；车厢高板长 4.2m，低板长13.3m，车厢高板高 1.6m，低板高 1.2m。预制舱运输车辆如图 2-1 所示。

图 2-1　预制舱运输车辆

舱体运输防护先使用缠绕膜将预制舱进行包裹后，外层再增加一层雨布防护，避免运输过程中造成舱体外部污损，然后利用外挂车固有卡扣将舱体固定在运输底板上，同时利用外部绳索进行再次固定，如图 2-2 所示。

图 2-2　运输途中的预制舱

2.2　装配式围墙和防火墙

2.2.1　装配式围墙

随着现代建筑工程工期紧、质量高的要求，装配式围墙因其安装快捷方便、板材生产实现工厂化，在建筑工程中得到越来越多的应用，特别是变电站工程。装配式围墙是由模块化配件组成，包括立柱、围墙板、柱帽、压顶等部件。产品采用层插式安装方式，结构简单、安装方便、湿作业少、表面平整度好、抗荷载系数高、自洁力强、免维护时间长等优点。

（1）装配式围墙基本情况。

1）围墙高度范围。当站内外高差不大于 0.5m 时，围墙高度 H 取 2500mm；当站内外高差大于 0.5m 时，围墙高度 H 取 2200mm。围墙预制混凝土柱间距 4.0m，围墙角部柱间距不应小于 3.0m，柱顶水平位移限值为 $[H/100]$。

2）围墙板采用水泥基轻质围墙板，现场装配施工；围墙板采用一次性挤塑条形板严格按照国家相关标准生产，物理性能稳定、适用地域广、外观精美、无需二次装饰。板与板间使用进口密封胶嵌缝，颜色统一、密封胶适用范围广、抗老化程度高、免维护。

3）围墙柱采用预制混凝土柱，预制柱留有槽口，用于围墙板卡入安装，围墙板与槽口的缝隙采用建筑密封胶密封处理，转角立柱采用商品混凝土现场浇筑到模具中，一次成型。

4）基础采用现浇混凝土独立杯口基础如图 2-3（a）所示，基础间不设连梁，也可以采用条形基础如图 2-3（b）所示，当站内外存有高差时，采用毛石挡土墙。

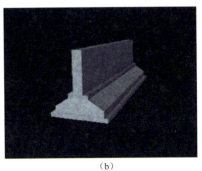

（a）　　　　　　　　　　　　　　　　（b）

图 2-3　装配式围墙基础

（a）装配式围墙杯口基础；（b）装配式围墙条形基础

（2）装配式围墙特点。

1）实现墙体的功能性。墙板厚度为 8cm，压顶柱帽增加厚重感和立体感。

2）实现墙体的观赏性。双面打磨，内墙外墙保持一致；板面纹理，可改善大面积使用时的整体观感。

3）实现墙体的安全性。层插式，不借助机械很难实现拆卸。

4）施工的便捷性。采用层插式，不需要连接件，安装快速简单，可以大幅减少人工的使用，缩短工期。

（3）装配式围墙与砌体围墙的比较。装配式围墙和砌体围墙分别从使用期限、造价及维修成本、外观、施工周期四个方面进行比较。装配式围墙和砌体围墙比较见表 2-5。

表 2-5   装配式围墙和砌体围墙比较表

分类	装配式围墙	砌体围墙
使用期限	根据国家对简单、轻型建筑结构的规范，装配式围墙使用年限 30～50 年	在结构设计中对砌体围墙不做使用年限的限制，但在变电站围墙的使用当中一般都相对处在条件较恶劣的地带，使用年限较短，大约 15 年左右
造价及维修成本	通常 800mm 厚围墙板，压顶，每延米 1300 元左右，在变电站设计使用年限之内无需更换和修缮。但目前生产厂家数量较少，对于跨省用户，运输成本较大	每延米 700 元左右。但使用年限短，修缮费用高
外观	表面颜色一致，无需二次装饰	砌体围墙多用机制砖砌筑，墙面需用水泥砂浆抹面，需要二次装饰。墙体表面容易脱落和开裂
施工周期	以围墙周长为 200m 的变电站为例，3 名工人 2 天时间，吊装机械 2 个台班，共计需要人工 6 个	以围墙周长为 200m 的变电站为例，墙高 2.3m，厚 240mm 砌体围墙：4 名工人每天砌 16 延米，整体围墙在材料充足的情况下需要 12.5 天完成，共计需要人工 50 个

围墙压顶按"先安装抗风柱压顶，后安装墙板压顶"的顺序进行安装。装配式围墙组装及效果图如图 2-4 所示。

2.2.2 装配式防火墙

装配式防火墙采用层插式安装方式，立柱采用现场混凝土现浇形式，防火墙板采用双层样式，双层板之间嵌入防火岩棉，使耐火时间达到安全时限，结构简单安装方便、抗荷载系数高、自洁力强、免维护时间长等优点。装配式防火墙效果图如图 2-5 所示。

图 2-4   装配式围墙组装及效果图

图 2-5   装配式防火墙效果图

2.3 预制式光电缆

2.3.1 预制式光缆

光缆的传统熔接方式不但工艺复杂、费时费力、影响工期，而且还易受人员操作水平、环境温度及粉尘影响，造成各熔点的质量良莠不齐，在环境条件急剧变化或长期运行中留下安全隐患。解决该问题的有效途径之一是采用近年来迅速发展的预制光缆技术。预制光缆出厂前就在光缆单端或双端预制连接器，以可靠方式加以固定保护，运至现场后即可实现设备的即插即用，避免了现场熔接。

目前，预制光缆技术日趋成熟，光缆厂家可生产出不同芯数、不同接口类型及适用于不同环境的光缆连接器，并广泛应用于长途干线网、城域网、接入网、光纤CATV网、光纤数据网、DWDM系统等光通信、光传感器、航空、军事以及其他光纤应用领域，是目前使用数量最多的光无源器件。近年来，预制光缆技术仍在不断发展，主要方向是光纤连接器的高性能、高密度和小型化。一方面，通过新材料的选用，增强连接器强度，提升连接器对纤芯的防护性能，延长使用寿命和插拔次数；另一方面，通过多芯连接器的研制，在占用空间较小的情况下满足多芯光缆的连接需要，减小装置体积，简化柜内布线。

在国内以往智能变电站中，应用较普遍的仍是光纤现场熔接方式，预制光缆连接器仅在部分变电站内试点应用。为实现新一代智能变电站的模块化即插即用理念，应推进预制光缆技术的实用化。

（1）预制式光缆结构。预制式光缆是指光缆的端部根据不同需要，安装了不同类型的光缆连接器。以带圆形多芯连接器的预制式光缆为例，其组件主要分为室外光缆组件和室内光缆组件两种形式。室外光缆组件包括插头、室外光缆、标记热缩管、防护材料等，如图2-6所示；室内光缆组件包括插座、室内光缆、标记热缩管、防护材料等，如图2-7所示。

（2）预制方式。预制式光缆的预制方式可分为双端预制和单端预制。

1）双端预制指的是在出厂前将光缆的两头预制接口。该方案的优势在于完全省去熔接环节，实现现场即插即用；缺点是必须精确控制长度，如果长度不够，将造成

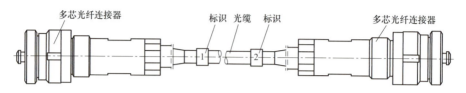

图 2-6　室外光缆组件外形结构

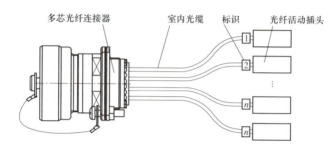

图 2-7　室内光缆组件外形结构

光缆的报废，如果长度过长，给柜内盘线带来很大压力。

2）单端预制指的是在出厂前将光缆的其中一头预制接口。"一端工厂预制，一端现场熔接"的方案能避免双端预制长度难以控制的缺点，可根据现场情况采取场地端预制，控制室熔接，也可以是场地端熔接，控制室预制。由于一般场地施工环境更恶劣，熔接较困难，而控制室环境较好，熔接条件好，因此推荐采用场地端预制，控制室熔接的方案。

双端预制与单端预制方案的比较见表 2-6。

表 2-6　　　　　　　　　　　　双端预制与单端预制方案的比较

分类	双端预制	单端预制
工作量	节省全部熔接工作量	节省一半熔接工作量
余长控制	长度不能更改，余长需要收纳	长度可以调整，余长控制精确
备用芯	备用芯全部预制，需要收纳	对于交换机柜等光缆较多的机柜，采用熔接＋跳线可减少备用芯收纳压力
灵活性	在余长范围内可以调整	熔接后不易调整

（3）工程应用方式。根据预制方式的不同，工程应用方式也有所区别。

1）单端预制光缆的应用方案。利用既有屏柜转接方案，在二次设备室设集中转接屏方案以及双端设集中转接屏方案。前两种方案的光缆路径与采用"传统光缆＋光纤配线箱"的方案相同，只是在就地端采用了预制式连接器，在小室端采用现场熔接；采用双端设集中转接屏方案时，光缆路径如图 2-8 所示。预制式光缆的就地集中转接屏一端采用预制式连接器，另一端采用现场熔接的方式。此方案可减少就地智能控制柜至小室的光缆数量，一方面节省了光缆，另一方面由于单端预制，克服了预制光缆长度难以控制的缺点。

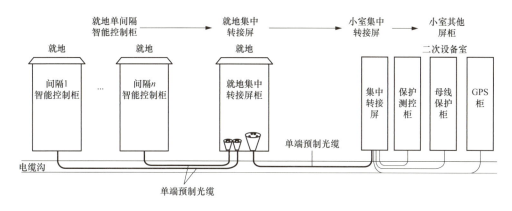

图 2-8　单端预制光缆双端设集中转接屏接线示意图

2) 双端预制光缆的应用方案。利用既有屏柜转接方案、就地端设集中转接屏方案、二次设备室设集中转接屏方案或双端均设集中转接屏方案。不同整合方案的优缺点比较见表 2-7。

表 2-7　　　　　　　　双端预制光缆不同整合方案的优缺点比较

对比项	利用既有屏柜转接	就地端设集中转接屏	二次设备室设集中转接屏	双端均设集中转接屏
光缆用量	无需增加转接光缆	需增加就地转接光缆	无需增加转接光缆	最大程度节省光缆
屏柜数量	无需新增屏柜	就地需增加转接屏柜	小室内需增加转接屏柜	两端均需增加转接屏柜
电缆沟截面	无影响	就地电缆沟截面增大	无影响	就地电缆沟截面增大
长度控制	位置变化，较难控制	室内位置变化部分距离较短，降低控制难度	室内屏柜位置固定，降低控制难度	两侧位置均固定，较易控制
维护方便性	较便捷	维护不便	维护不便	维护不便

2.3.2　预制光电复合缆

由于光传输和电能传输属于两种不同类型的传输方式，二者之间的电磁作用可以忽略。另外，从电力部门有关全介质自承式光缆（ADSS）的运行报告中可知：光缆周围的最大感应电压不大于 10kV 时，不会对光缆产生电腐蚀作用。因此将光纤和电力线复合预制，无需考虑电能传输和光传输的相互绝缘问题与电磁干扰问题，也不用考虑腐蚀作用。而且，光电复合缆中的电力线还能承受整个光电复合缆的张力，提高线缆韧性。

光电复合缆为 1978 年日本住友公司首创，开发应用于海底光电复合光缆，主要用于电力传送及通信系统中。目前，光电复合缆在海底电缆、WLAN 小区建设及远程供电通信系统中均有广泛的应用。光电复合海缆作为高端海缆市场近年来快速蓬勃发展的产品，具有很广泛的应用前景。它集中了电力传输及信息传输等几项功能，充分体现光纤传输大容量、高抗干扰的优势，并有效地结合电缆通道完成光电复合输送。伴随光通信技术和光纤光缆技术的深入发展，1985 年意大利比瑞利公司在亚得利亚近海铺设的 10kV 三芯 35mm 海缆，含 4 芯光纤单元。至今光电复合缆已在各国海缆中扮演起了重要的角色，日本藤仓公司于 1998 年在首都东京湾富津工厂生产了 ±500kV 直流 PPLP 电缆，复合了 12 芯光纤单元，可作为目前世界上已投运的较高电压等级的复合海缆。随着福建省平潭电网 110kV 第二电力联网通道启动送电，国家电网公司首条自主生产的 110kV 光电复合海底电缆在 2010 年 8 月正式投入运营。光电复合缆已在电力系统架空线路、通信、海上风电等多个领域中有所应用，但在智能变电站中应用较少。

（1）预制光电复合缆结构。与目前光电复合缆的应用领域相比，智能变电站中的预制式光电复合缆具有传输距离短、电压等级低、线缆芯数多等特点。

1）传输距离短。线路、通信等专业线缆传输距离一般均在 1km 以上，相对而言，智能变电站中光电缆传输距离则较短，所需的光电缆最大长度一般不超过 200m。

2）电压等级低。目前，智能变电站中光缆的应用领域基本在二次专业，主要用于控制、信号等信息的传输，电压低。二次设备所需的装置电源一般为直流 220V 或 110V，而架空线路、海上风电均为高压输电，通信线路电压为 380V 或 220V。

3）线缆芯数多。由于智能变电站中每个电气间隔均需配置保护、测控、计量、智能终端、合并单元等装置，二次设备配置数量较多，所需的线缆芯数总量较大，一般在 100～500 根之间。

因此，智能变电站中的预制式光电复合缆与架空线路、通信、海底光电缆等有相似之处，即主体部分均为光电共缆传输，但又具有智能变电站应用的特征。从减少施工量、维护方便等方面考虑，结合现有的预制光缆技术，预制式光电复合缆的结构及缆线截面如图2-9所示，由缆线部分、分线部分和预制连接器部分三部分组成。

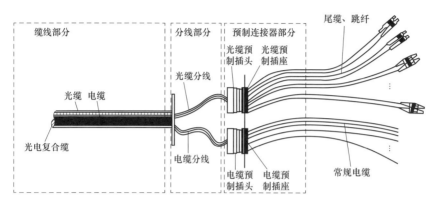

图2-9　预制光电复合缆结构及缆线截面示意图

1）缆线部分。将去向相同的不同光缆和电缆整合为一根多芯的光电复合缆，光缆、电缆各自形成两股缆线，并分别设置屏蔽防护层，同时外设公共铠甲防护层，从而实现了光电缆的共缆传输。

2）分线部分。在光电复合缆的两端利用分接器将光缆和电缆分离出来，用于与连接器的连接。分线长度固定为1m，作为光电复合缆的灵活长度，这样设计时仅需考虑两面柜间的敷设距离，而避免考虑柜体高度，从而减小了余长控制难度。

3）预制连接器部分。分为光缆预制连接器和电缆预制连接器，分别用于另一端的光缆连接和电缆连接。光电缆连接器插拔独立设计，方便检修、维护。预制光电复合缆的外形结构图及缆线截面图如图2-10所示。

图2-10　预制光电复合缆外形结构图及缆线截面图

在预制连接器的另一端，采用常规的尾缆、跳纤或电缆，用于与其他屏柜或本屏柜内的其他设备连接。预制光电复合缆的连接效果如图2-11所示。在屏柜内的固定高度处（小于1m）安装预制光电复合缆的插座，即可实现与光电复合缆两端插头的对

接。由于缆线部分为铠装，敷设时，需双端接地且弯曲半径应满足常规光缆弯曲半径要求。该预制式光电复合缆的设计方案具有如下优点。

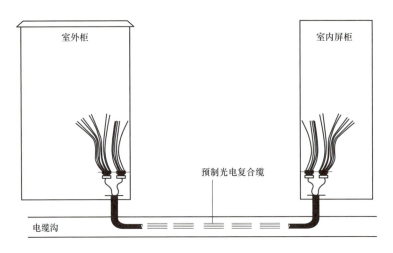

图 2-11　预制光电复合缆连接效果图

1）实现光电共缆传输，减少智能变电站 50% 左右的光电缆数量，减少施工敷设量及电缆沟宽度，降低智能变电站建设成本。

2）采用光电缆预制连接器独立插拔式设计，光缆、电缆互不影响，简化智能变电站安装工艺的同时，方便检修、维护。

3）固化光电复合缆分线长度作为柜内可变长度，使预制式光电复合缆的长度控制范围缩小，减少了预制光电缆余长控制难度。

4）固化预制连接器在屏柜中的安装位置，标准化预制光电缆安装工艺，减少不同设备厂家间的配合工作量。

（2）预制方式。预制光电复合缆同样可分为单端预制和双端预制，双端预制可实现即插即用，最大限度减少施工量，但长度难以控制；单端预制则可以进行现场切割，但无法完全避免光纤熔接。

（3）工程应用方式。与预制式光缆类似，预制式光电复合缆工程应用方式有单端和双端两种。

1）单端预制方式。利用既有屏柜转接，在二次设备室设集中转接屏以及双端均设集中转接屏。

2）双端预制方式。利用既有屏柜转接、就地端设集中转接屏、二次设备室设集中转接屏或双端均设集中转接屏。

与预制式光缆的应用方式区别在于：光电复合缆需在转接处将光缆、电缆分开。在二次设备室设集中转接屏柜的单端预制光电复合缆整合方案示意图如图 2-12 所示。

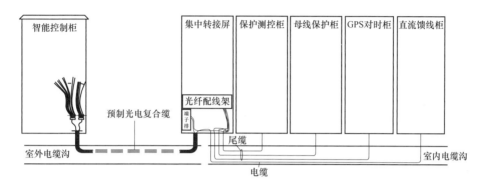

图 2-12 单端预制光电复合缆整合方案示意图

第 3 章

集成式隔离断路器技术

隔离断路器（Disconnecting Circuit Breakers，DCB）是触头处于分闸位置时满足隔离开关要求的断路器。本章介绍了集成式隔离断路器的发展与应用现状，说明了集成式隔离断路器的结构组成并重点介绍了断口绝缘技术、闭锁系统技术、电子式电流互感器安装技术、智能化集成技术等集成式隔离断路器的关键技术，在此基础上说明了隔离断路器型式试验的考核要求。针对隔离断路器的技术特点，研究并指出了隔离断路器的应用对提高主接线可靠性水平、优化电气主接线等方面具有重大优势。随着国家电网公司智能变电站试点及建设的不断推进和深化，根据新一代智能变电站"系统高度集成、结构布局合理、装备先进适用、经济节能环保、支撑调控一体"的指导思想，集成式隔离断路器的应用在今后智能变电站的建设中具有较强的工程实用价值。

3.1 隔离断路器的发展与应用情况

3.1.1 隔离断路器需求分析

断路器是指能够关合、承载和开断正常回路条件下的电流，并能关合、在规定的时间内承载和开断异常回路条件（包括短路条件）下电流的开关装置。在传统的电网设计中，为了在维护检修断路器时在断路器两端形成明显开断点并同时保持站内其他设备正常运行，断路器的进线和出线两侧都设置有独立的隔离开关。

因为制造工艺等原因，早期断路器故障率高、检修周期短，断路器检修周期为1～2年，而隔离开关检修周期为4～5年，所以隔离开关的问题并不十分突出。随着断路器设备制造技术不断提高，从早期的多油断路器（Bulk Oil Breakers）、气吹断路器（Air Blast Breakers）、少油断路器（Minimum Oil Breakers），再到今天常见的采用SF_6为灭弧介质的SF_6断路器；另一方面，断路器操动机构，从压缩空气（Pneumatic Mechanisms）、液压机构（Hydraulic Mechanisms）、弹簧机构（Spring Mechanisms），再到电动机驱动机构（Motorized Type Mechanisms）；此外，断路器断口数量减少，现在300kV以下电压等级的断路器已经完全采用单断口结构，而多断口结构中的并联电容器在550kV电压等级的断路器中也已经被取消；所有这些改进和提高，设备结构不断简化、可靠性不断提高、故障率大幅降低，平均检修周期已经延长到13年。与此形成鲜明对比的是：在断路器快速发展的同时，隔离开关技术并没有明显改进。一方面因为隔离开关本身结构简单、售价低廉，设备厂商对其重视程度不足，投入精力有限；另一方面，隔离开关的研发改进重点大多集中在通过优化产品选材来控制产品成本。所以，隔离开关的可靠性并没有显著提高，现在其平均检修周期为 6 年。断路器与隔离开关的故障率对比如图 3-1 所示。

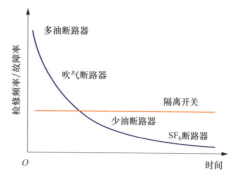

图 3-1　断路器与隔离开关的故障率对比

另外敞开式隔离开关本身暴露于运行环境中，部件非常容易受到环境的影响。以隔离开关故障中较为常见的触头发热故障为例，触头受大气污染影响（化工废气、盐碱污染）导致触头表面缓慢氧化，使其接触电阻增大，运行时的发热量相应增加，温升增大，而温升增大进一步使触头表面氧化加剧、接触电阻更大、发热更严重，如此恶性循环，造成触头发热甚至烧熔。在运维工作中，带电部分发热等故障在日常巡视中通过红外测温可以及时发现；而由传动部件引起的隔离开关故障，如拒分、拒合、分合闸不到位等故障，往往只有在倒闸操作过程中才会被发现，在平时的设备运行中并未能及时发现，所以实际的隔离开关故障要比统计数据更多。因此原来为方便检修断路器而设计的隔离开关反而成为高故障率设备的主要来源。

由于隔离开关与运行可靠性得到极大改善的断路器不相匹配的矛盾，因此利用隔离开关来隔离高压以进行断路器停电检修的检修策略和模式，已不再适用于电网运检的实际管理需求。在此背景下，提出将变电站的设计模式由原来的断路器两端配置隔离开关，改为将隔离开关的隔离功能集成到断路器的灭弧室内部，并增加智能化控制系统，形成了新一代智能开关设备——隔离断路器。

3.1.2　隔离断路器的发展与应用现状

隔离断路器是触头处于分闸位置时满足隔离开关要求的断路器，其断路器断口的绝缘水平满足隔离开关绝缘水平的要求，而且集成了接地开关，增加了机械闭锁装置以提高安全可靠性。国际电工委员会（IEC）已在 2005 年颁布了交流隔离断路器标准 IEC 62271-108：2005。

ABB、SIEMENS、AREVA 三家公司均拥有交流隔离断路器的制造技术，其中 ABB 公司首先研制成功并于 2000 年在瑞典投入使用，已经实现 72.5～550kV 各电压

等级的应用。瑞典已将隔离断路器作为新建变电站和在运变电站设备改造更换的标准设备配置，瑞典南部已有30多座变电站装用了隔离断路器。新西兰地处太平洋南部，为沿海岛屿地区，传统敞开式隔离开关容易受到盐雾空气腐蚀，设备运行维护成本较高，而隔离断路器将隔离开关功能集成于灭弧室内，在特种环境中具有突出优势，在新西兰的工程应用中取得了非常好的效果。

2011年我国在IEC 62271-108：2005标准基础上，发布了国家标准GB/T 27747—2011《额定电压72.5kV及以上交流隔离断路器》。西安西电开关电气有限公司和平高集团有限公司两家公司自2012年开始组织研发，已成功研制出110kV电压等级的隔离断路器。其设备除了集成隔离开关和接地开关，也采用与交流互感器紧凑式组合的布置，电流互感器采用电子式原理，置于隔离断路器套管和支柱套管之间，进一步减少占地面积和工程量。相关产品已通过全部型式试验。平高集团有限公司的GLW2-126型集成式智能隔离断路器已经成功安装于重庆大石变电站，并在2013年12月一次性送电成功。西安西电开关电气有限公司的110kV隔离断路器产品已应用于武汉未来城变电站。

在隔离断路器的基础上，再集成接地开关、电子式电流互感器、电子式电压互感器、智能组件等部件，形成集成式智能隔离断路器，其功能需求组合形式如图3-2所示。集成式隔离断路器必须具备高度的安全性、可靠性和可用性，确保产品少维护甚至免维护。而二次设备方面，根据一次设备特点和二次设备技术成熟度，选用成熟可靠的智能组件，统一集成到该间隔智能组件柜中；测量、控制、保护、监测统一到间隔智能组件柜中，将进一步提升开关设备的一体化与智能水平。

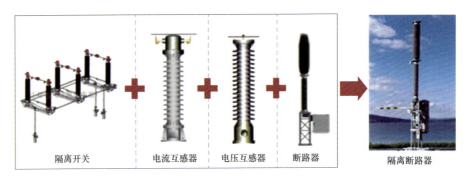

图 3-2 集成式智能隔离断路器功能需求组合图

3.2 集成式隔离断路器的结构

集成隔离断路器包括三相隔离断路器、一台断路器机构、三相接地开关、一台接地开关机构、一套隔离断路器与接地开关的闭锁系统、三台电子式互感器和相关智能组件。近期产品采用弹簧操动机构，可检测分合闸速度、时间和分合闸线圈电流波形等机械特性，检测 SF_6 气体压力、温度和密度，能够实现开关设备测量数字化、控制网络化的功能。整体三相布置，三相隔离断路器和接地开关置于一个整体框架上，在断路器套管与支柱套管之间集成电子式电流互感器。集成式隔离断路器的结构如图 3-3 所示。

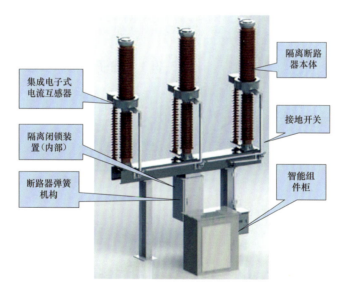

图 3-3 集成式隔离断路器结构

3.2.1 隔离断路器本体

隔离断路器本体结构包括灭弧室、支柱、拐臂盒三部分。采用立式单柱结构，每极为单端口结构，三级机械联动，通过拐臂盒部位的配管连通共用一个气室，灭弧室采用自能式灭弧原理。灭弧室主体结构分为灭弧室套管、静端支座、压气缸装置、动

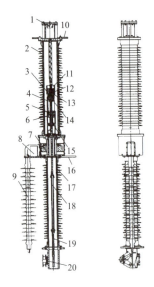

图 3-4　单极隔离断路器结构

1—吸附剂；2—灭弧室绝缘子；3—动触头；

4—压气缸；5—活塞；6—中间触头；7—电子

式电流互感器；8—采集器；9—光纤绝缘子；

10—上接线端子；11—静触头；12—静弧触头；

13—喷口；14—动弧触头；15—绝缘拉杆；

16—下接线端子；17—支柱绝缘子；18—活塞杆；

19—操作杆；20—转动密封装置

端支座等部分。单极隔离断路器机构图、隔离断路器灭弧室与机构原理图如图 3-4、图 3-5 所示。

3.2.2　接地开关

接地开关与隔离断路器共用一个底架，三相联动系统装配集成于隔离断路器支柱下侧框架内，所配备的电动机构及其连接机构装在边相支柱上。接地开关结构为单臂直抡式，运动方向垂直于端子出线方向，设置有"机械＋电气"的闭锁装置，当断路器合闸时，接地开关不允许合闸，系统及设备故障电流通过电子式电流互感器下法兰经静触头通过动触头再通过支架流向地网。隔离断路器的接地开关结构如图 3-6 所示。

3.2.3　电子式电流互感器

电子式电流互感器的结构形式可分为分步安装式和整体套装式。

（1）分步安装式。分步安装式即电子式电流互感器集成于隔离断路器上，线圈和采集器分开

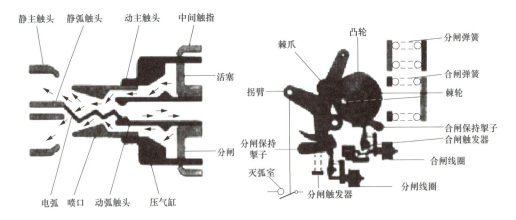

图 3-5　隔离断路器灭弧室与机构原理图

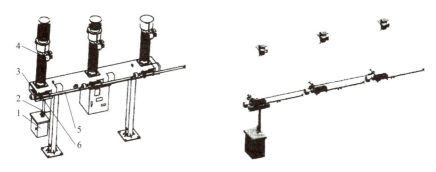

图 3-6 隔离断路器接地开关

1—电动机构；2—垂直连杆装配；3—三相联动系统装配；

4—接地开关静侧装配；5—接地开关；6—支架

放置。在隔离断路器和支柱套管之间增加一段带上下法兰的导体，线圈套在该导体上，线圈上下用绝缘板紧固压实。采集器置于支柱套管顶部的支撑板上，采用了先进的铝制密封外罩，达到防电磁干扰和隔热、减震的效果。采集器采集的数据通过光纤传输到合并单元，光纤采用专用的光纤绝缘子进行绝缘保护。分步安装的结构形式如图 3-7 所示。

（2）整体套装式。整体套装式即电子式电流互感器套装在隔离断路器下接线板上，电流从中间通过，光纤通过小的绝缘支柱与地绝缘，小的绝缘支柱紧密布置在断路器支柱旁边。该方式将互感器与断路器紧密集成，同时又与断路器相对独立，便于安装维修。整体套装的结构形式如图 3-8 所示。

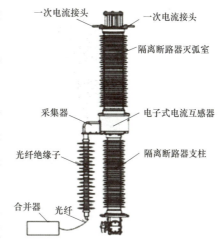

图 3-7 分步安装式电子式电流互感器结构形式图

3.2.4 闭锁系统

集成式隔离断路器的闭锁系统是基于安全和与传统设备的操作兼容两方面来考虑的，其系统结构如图 3-9 所示。

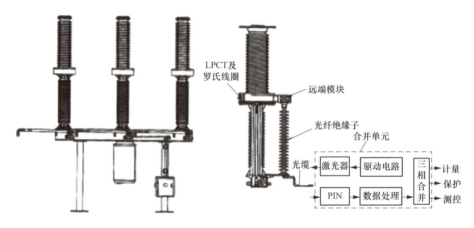

图 3-8 整体套装式电子式电流互感器结构形式图

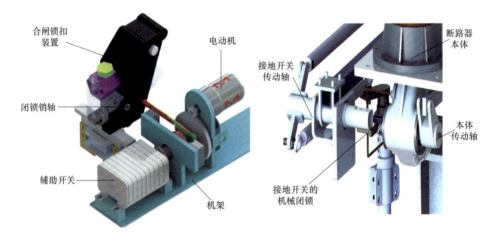

图 3-9 隔离断路器闭锁系统结构图

由于隔离断路器取消了隔离开关，集成了接地开关，因此设备状态有了较大改变，设备机械状态由两个增加到 4 个，各个状态对应系统不同的状态，隔离断路器各位置状态见表 3-1，合理设计的闭锁系统可确保人员安全和防止误操作。此外，闭锁系统设计还要考虑与其他设备的配合问题，隔离闭锁系统包括机械闭锁系统和电气闭锁系统。

表 3-1   隔离断路器各位置状态对比表

断路器和隔离开关组合	隔离断路器
运行位置 （断路器合位＋两侧隔离开关合位）	合位位置

续表

断路器和隔离开关组合	隔离断路器
热备用位置 （断路器分位＋两侧隔离开关合位）	分位位置
冷备用位置 （断路器分位＋两侧隔离开关分位）	分位并闭锁位置
线路检修位置 （断路器分位＋两侧隔离开关分位＋线路侧接地开关合位）	接地位置

3.2.5 智能组件

隔离断路器的智能化要求包括数字化测量、网络化控制、状态监测等。其中，数字化测量实现了分合闸状态、气体状态等常规参量的就地数字化采集；网络化控制，实现了通过网络和点对点方式对隔离断路器进行分合闸操作控制；状态监测则根据工程实际需要配置。隔离断路器智能组件传感器位置如图 3-10 所示。

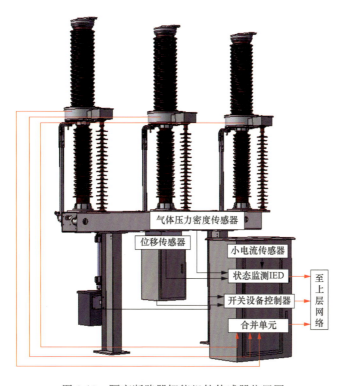

图 3-10 隔离断路器智能组件传感器位置图

（1）机械状态。隔离断路器的机械状态在线监测主要包括分合闸速度、时间、分合闸线圈电流波形和断路器动作次数。

分合闸速度是反映机械特性状态的关键参量，在操动机构传动拐臂上安装角位移传感器，安装位移旋转式光栅传感器，利用光栅传感器和断路器操动机构主轴间的相对运动，将速度行程信号转换为电信号，经数据处理得到断路器操作过程中行程和速度随时间的变化关系，计算出动触头行程、超行程、刚分后和刚分前的平均速度，得出分合闸速度和位移。

分合闸时间通过在分合闸线圈回路上安装穿心电流互感器，当电流互感器感应到回路上带电即为分合闸开始时刻，感应到分合闸辅助开关接点状态转换时为分合闸结束时刻，电流互感器信号和辅助开关信号上传给状态监测 IED 处理，得出分合闸时间。

分合闸线圈电流波形反应操动机构的特性，通过安装在分合闸线圈回路上的穿芯电流互感器，可进行分合闸线圈电流的测量，经对电流信号分析处理，可得出分合闸线圈电流曲线数据，根据电流波形和事件相对时刻，判断故障征兆、诊断拒动、误动故障。

此外，对断路器的动作次数进行记录，依此确定断路器的机械寿命。

（2）储能机构状态。通过监测开关储能状态、储能电动机工作电流波形、储能电动机的日起动次数和日累计工作时间，从而判断操动机构是否正常储能，储能系统是否出现问题。

（3）气体状态。SF$_6$气体内气体压力与绝缘强度密切相关，同时也是密封状态的重要信息。隔离断路器采用集成式 SF$_6$ 气体传感器，同时定量监测 SF$_6$ 气体压力、温度和密度状态量。

3.3 集成式隔离断路器的关键技术

集成式隔离断路器最基础的功能就是开断功能，即必须具备断路器的全部功能，合闸时能够通过额定电流，耐受短时过电流；分闸时能够可靠断开连接，维持设备间的绝缘；操作或故障时能够根据操作指令关合和开断各种额定和故障电流。集成式隔离断路器应能实现开关设备功能集约化，或者说首先要实现传统断路器的功能和隔离开关的功能，在此基础上再根据变电站的设计要求和主接线来配置集成式电流互感器、接地开关，并最终实现开关间隔单一设备集成断路器、隔离开关、接地开关、电流互感器功能，同时集成各种功能的传感器，达到智能化一次设备的目标。集成式隔离断路器的关键技术主要包括断口绝缘技术、闭锁系统技术、电子式电流互感器安装技术、智能化集成技术。

3.3.1 断口绝缘技术

根据隔离断路器设计标准要求，集成式智能隔离断路器断口的绝缘水平必须达到隔离断口要求。与普通隔离开关相比，集成式智能隔离断路器的隔离断口还要承担灭弧工作，因此保证隔离断路器断口在开断后依然满足其绝缘水平是集成式智能隔离断路器的核心之一。

在设备设计过程中，必须充分考虑隔离断路器通过电流时的机械应力，开合过程中较大的电动力和物理烧蚀，以及机械磨损可能导致的绝缘劣化。

为保证绝缘强度，需要从材料、结构和工艺三方面优化设计，确保隔离断路器在机械磨损和开断后的绝缘性能。

在材料方面，触头采用耐烧蚀、耐老化材料如铜钨 80，提高断口间耐烧蚀水平，保证电弧烧蚀后不会发生明显的变形，不会导致电场强度的严重畸变，不会产生过多的汽化物，在断口中添加 BN（氮化棚），并确保 BN 的网状均匀层次分布，有效反射电弧产生的高强紫外光及其他有害射线，从而有效保护断口。外绝缘采用自清洁抗老化的硅橡胶复合套管，减少泄漏电流，提高设备外绝缘水平。

在结构方面，优化触头系统的结构，通过良好的接触设计，避免机械磨损造成的零部件变形及尖角、毛刺等异物的产生，避免非正常变形和磨损的出现，优化电场分布，实现优良的开断性能设计，保证其开断能力。

在工艺方面，要求所有的产品从原材料、零部件到组装、测试整个过程，必须保持高度的一致性。

3.3.2 闭锁系统技术

隔离断路器标准中关于"位置锁定"的规定为：隔离断路器的设计应使得它们不能因为重力、风压、振动、合理的撞击或意外的触及操作机构而脱离其分闸或合闸位置。隔离断路器在其分闸位置应该具有临时的机械连锁装置。隔离断路器合闸、分闸对于接地开关应进行机械及电气闭锁。虽然各厂家的设备结构不同导致隔离断路器的闭锁系统设计不尽相同，但都必须满足闭锁的基本要求。

（1）机械闭锁。机械闭锁包括断路器分闸状态闭锁机构和断路器合闸状态时接地开关的闭锁，机械闭锁具体要求如下。

1）隔离断路器分闸位置闭锁时，闭锁装置设计在断路器机构内，起动后机械性地将断路器闭锁在分闸位置，此时手动或电动操作断路器都不能合闸。

2）隔离断路器合闸时接地开关不能合闸，应在断路器及接地开关主轴上设计闭锁装置。

（2）电气闭锁。集成式智能隔离断路器电气闭锁要求如下。

1）当隔离断路器合闸时，闭锁装置和接地开关都被锁在分闸位置。

2）当隔离断路器分闸、闭锁装置未起动时，隔离断路器和闭锁装置均可操作，但接地开关操作被限制。

3）当接地开关分闸、闭锁装置未起动时，隔离断路器可操作，但接地开关操作被限制。

4）当隔离断路器分闸、闭锁装置起动时，接地开关可操作，隔离断路器被锁在分闸位置。

5）当接地开关合闸时，闭锁装置和隔离断路器均不能操作。

6）当接地开关分闸、闭锁装置起动时，隔离断路器被锁在分闸位置，接地开关可操作。

闭锁系统由闭锁装置及其二次控制回路组成，主要设计包括：闭锁装置基本原理设计、闭锁系统运行逻辑与二次回路设计、闭锁装置与断路器操动机构的互连、闭锁装置的抗振防松设计、闭锁装置的抗干扰设计等。以某型设备为例，说明其原理。

1）闭锁装置基本原理设计。闭锁装置的核心作用是在隔离断路器执行隔离功能时，防止断路器误操作而合闸。在隔离断路器操动机构上设置闭锁装置，结合操动机构的动作原理，闭锁时将闭锁销插入断路器操动机构内，挡住合闸掣子，这样即使有误操作，合闸掣子也不会被触发，从而避免了误操作造成断路器合闸的现象，提高了隔离的安全性。另外，在闭锁装置上还设置了人工上锁，可以远程闭锁，就地人工上锁，进一步保证了闭锁的可靠性。

2）闭锁系统运行逻辑与二次回路设计。闭锁系统的运行逻辑可设计为隔离断路器正常运行时，闭锁装置处于"非闭锁"状态，只有当隔离断路器执行隔离功能时，闭锁装置才能被触发；只有当闭锁装置处于"闭锁"状态，接地开关才能合闸；当闭锁装置处于"闭锁"状态时，隔离断路器不能操作。

3）闭锁装置与断路器操动机构的互连。闭锁装置安装在隔离断路器操动机构的一个小平台上，结构紧凑（约为 200mm×180mm×120mm），不影响断路器的操作；闭锁装置可以整体从操动机构上拆装，检修维护方便。

4）闭锁装置的抗振防松设计。所有的连接螺栓配置防松垫片，并在螺栓的螺纹面涂抹厌氧胶，进一步提高抗振防松性能。

5）闭锁装置的抗干扰设计。闭锁装置采用 220V 交流电动机驱动，与 12V/24V 直流电动机相比，具有更高的抗电磁干扰能力；闭锁装置可远程和就地操作，提高了操作的安全性和灵活性。

3.3.3 电子式电流互感器安装技术

随着电子式电流、电压互感器，光学电流、电压互感器技术的进步，为实现开关设备功能集成化创造了条件。新一代智能变电站示范工程中已实现 126kV 隔离式断路器与电子式电流互感器（ECT）的集成。采用有源电子式电流互感器，有保护采用罗氏线圈、测量采用低功率线圈和保护测量共用罗氏线圈两种配置方式。采集器供电方式为激光电源和取能线圈双路供电。

（1）安装位置。根据隔离断路器的结构特点，ECT 可以集成在断路器顶部，也可以集成在断路器与支柱绝缘子之间，第一种方案 ECT 拆卸方便，但光纤出线相对复杂；第二种方案 ECT 拆卸相对困难，但光纤出线容易实现。

（2）电磁兼容可靠性。ECT 采集器要耐受隔离断路器上交变电流产生的磁场影响，特别是在开断时，隔离断路器的电磁干扰更大。ECT 采集器外壳可以采用铁磁材料以抗电磁干扰，但铁磁材料易形成涡流造成发热，因此，必须兼顾电磁干扰和发热对 ECT 采集器进行优化设计。

（3）机械振动可靠性。ECT 线圈和采集器等必须耐受断路器操作时的振动，ECT 组件必须做相应的抗振试验。

（4）隔热可靠性。需要采取良好的隔热或散热措施，对 ECT 采集器及其外罩处的散热进行有限元模拟分析和优化，确保热量更多地从外罩散发，避免隔离断路器长期通流产生的温升对 ECT 采集器产生影响，保障 ECT 的测量采集精度。

（5）结构形式。电子式电流互感器可分为分布安装式和整体套装式。

3.3.4 智能化集成技术

根据智能电网对于设备状态可视化的要求，在隔离断路器的设计和制造中，实现了与在线监测装置的融合，对设备状态进行在线监测，提升设备可靠性，实现了设备功能智能化，如图 3-11 所示。

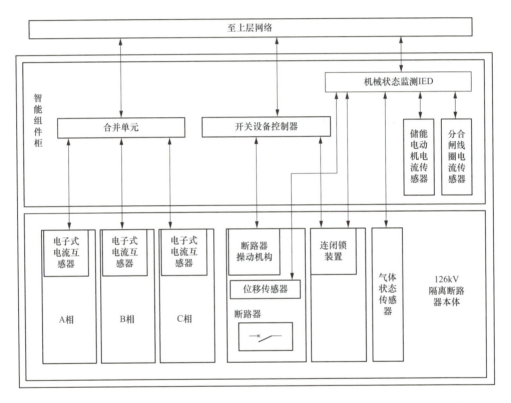

图 3-11 隔离断路器在线监测系统框图

隔离断路器智能化集成技术的关键是传感器的集成。传感器的集成主要包括机械特性位移传感器与机构、SF_6 气体特性传感器与管路、分合闸电流传感器与控制系统的集成、机构的控制系统与智能终端的集成，应实现对 SF_6 气体压力、温度的监测，并通过监测断路器分合闸速度、分合闸时间和分合闸线圈电流波形等机械特性，为确定断路器的机械寿命提供依据。集成式隔离断路器智能化配置系统如图 3-12 所示。

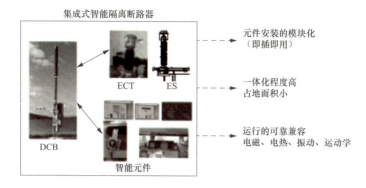

集成式智能隔离断路器

ECT   ES

DCB

智能元件

元件安装的模块化
（即插即用）

一体化程度高
占地面积小

运行的可靠兼容
电磁、电热、振动、运动学

图 3-12　集成式隔离断路器的智能化配置系统

通过应用电子式电流互感器和智能终端，将母线隔离开关、接地开关、隔离断路器、电子式电流互感器等的监测和控制统一集成到间隔智能组件柜中，通过智能终端实现对整个间隔的操作和控制，而隔离断路器的状态监测也通过监测 IED 统一集成到智能组件柜中。通过装设合并单元、智能终端、机械状态监测 IED 以及气体状态监测传感器、二次回路电流传感器，实现在线监测系统、智能控制系统的有效结合。

3.4　集成式隔离断路器型式试验

目前，ABB 公司隔离断路器设备已经实现 72.5～550kV 各电压等级的应用，国内厂家自 2012 年组织研发以来，已成功研制出适用于 220、110kV 等电压等级的隔离断路器。国内隔离断路器产品使用条件参见表 3-2。

表 3-2　　　　　　　　　　　　　隔离断路器使用条件

名　称		单位	参数值
周围空气温度	最高气温	℃	+40
	最低气温		−30
	最大日温差	K	25
海拔		m	≤1000
阳光辐射强度		W/m²	1000
污秽等级		—	Ⅳ
覆冰厚度		mm	10
风速		m/s	34

续表

名　　称		单位	参数值
湿度	日相对湿度平均值	%	≤95
	月相对湿度平均值		≤90
抗震水平		级	AG5
由于主回路中的开合操作在辅助和控制回路上 所感应的共模电压的幅值		kV	≤1.6

　　注　安装场所应无经常性的剧烈振动及易燃、易爆物质和化学腐蚀的影响。

　　我国在 IEC 62271-108：2005《高压开关设备和控制设备第 108 部分：额定电压 72.5kV 及以上的高压交流隔离断路器》基础上，结合我国电网的实际情况，发布了 GB/T 27747—2011《额定电压 72.5kV 及以上交流隔离断路器》国家标准。该标准描述了隔离断路器独立功能间相互作用的要求，明确了这些要求与分立的断路器和隔离开关的独立要求之间的差异。

　　与断路器相比，隔离断路器的型式试验增加了不同的功能验证，该试验为隔离断路器特定的型式试验，如端子静拉力试验的要求有所提高，并且隔离断路器绝缘水平要求比普通的断路器要求高。最大的不同点是组合功能试验，组合功能试验包括机械组合功能试验和短路组合功能试验。组合功能试验是此类装置特定的型式试验要求，旨在验证隔离断路器在规定的机械和短路开断试验后完全保持了分闸触头间的绝缘性能，认为通过这些组合功能试验的隔离断路器能够耐受运行期间因触头磨损以及电弧开断产生的分解物，进而满足隔离断路器可能承受运行条件中的污秽时的绝缘性能。

3.4.1　型式试验项目与技术要求

　　试验参照标准 GB/T 27747—2011、GB/T 20840.7、GB/T 20840.8、国家电网公司电子式互感器性能检测方案（国网科智〔2012〕24 号）进行。除非另有规定，GB 1984 和 GB 1985 的 6.2 适用。在全部试验过程中，电子式互感器应与隔离断路器安装一体，并且在试验过程中，电子式互感器线圈、采集器等均正常，不应损坏，实验室应监测电子式互感器输出信号，不允许出现通信中断、丢包、品质位改变、输出异常信号等故障。隔离断路器型式试验项目见表 3-3。

表 3-3　　　　　　　　　　　隔离断路器型式试验项目

试 验 项 目	检 验 项 目
隔离断路器	绝缘试验 无线电干扰电压（r.i.v.）试验 主回路电阻测量 温升试验 短时耐受电流和峰值耐受电流试验 防护等级的验证 密封试验 电磁兼容试验 机械和环境试验 关合、开断和开合试验 基本短路试验 临界电流试验 单相和异地接地故障试验 近区故障试验 失步关合和开断试验 容性电流开合试验 验证位置指示装置正确功能的试验 动力运动链的试验 组合功能试验
接地开关	操作和机械寿命试验 接地开关短路关合能力试验（适用时） 严重冰冻条件下的操作（适用时） 极限温度下的操作 接地开关感应电流开合能力试验
电子式电流互感器	短时电流试验 温升试验 额定雷电冲击试验 户外型电子式电流互感器的湿试验 无线电干扰电压试验 低压器件的耐压试验 电磁兼容试验 准确度试验 保护用电子式电流互感器的补充准确度试验 防护等级的验证 密封性能试验 振动试验
电子式电压互感器	额定雷电冲击试验 户外型电子式互感器的湿试验 准确度试验 异常条件承受能力试验 无线电干扰电压试验 电磁兼容试验 低压器件的冲击耐压试验

3.4.2　短路组合功能试验

短路组合试验是对隔离断路器电寿命的考核。隔离断路器先开断额定短路电流 4 次，完成 E1 级电寿命试验方式。之后继续进行电寿命试验，补充开断额定短路电流到 12 次，完成 E2 级电寿命试验方式。在 12 次额定短路电流开断中，包括两个完整的重合闸操作循环。要求两个操作循环分别在电寿命的开始和最后进行。短路组合功能试验过程中，隔离断路器不应进行中间检修。短路组合功能试验要求见表 3-4。

表 3-4　　　　　　　　　　　　隔离断路器短路组合功能试验

检验项目	试验技术要求		
	操作顺序	开断电流百分比（％）	操作次数
电寿命试验	O-0.3s-CO-3min-CO	100	2
	O	100	4
	CO	100	2
	12 次额定短路电流开断		

3.4.3　机械组合功能试验

机械组合功能试验是对隔离断路器机械寿命的考核。隔离断路器按照表 3-5 进行 5000 次机械操作试验，要求试验后设备状态满足隔离距离间绝缘试验要求。机械组合功能试验过程中，隔离断路器本体与接地开关之间的连锁装置应能正常工作，每一个操作循环后，可对机构各紧固件及润滑部位进行检查。

表 3-5　　　　　　　　　　　　隔离断路器机械组合功能试验

检验项目	技　术　要　求			
	操作顺序	操作项目	操作电压	操作次数
机械寿命试验	C-30s-O-30s-C	合闸	$110\%U_{ph}$	500
		分闸	$120\%U_{ph}$	
		合闸	$100\%U_{ph}$	500
		分闸	$100\%U_{ph}$	
		合闸	$85\%U_{ph}$	500
		分闸	$65\%U_{ph}$	
	O-0.3s-CO-180s-C-30s	合闸	$100\%U_{ph}$	250
		分闸	$100\%U_{ph}$	
	5000 次分合闸操作			

3.5　集成式隔离断路器的技术优势

以"结构布局合理、系统高度集成、技术装备先进、经济节能环保、支撑调控一体"为特征的新一代智能变电站提出采用整体集成设计理念，引导多种新型一次设备研制，从而提高变电站的供电可靠性，实现主接线形式的优化。随着断路器技术的不断提高，断路器的故障率已经远小于隔离开关的故障率。现今断路器可有 15 年以上的检修周期，隔离开关的技术却变化不大，检修周期一般在 5 年左右。由于隔离断路器本身实现了隔离开关的功能，因此采用隔离断路器并取消隔离开关，可以优化变电站电气主接线，解决了敞开式电站中元件布置分散、占地面积大的不足，以及隔离开关长期裸露在空气中运行可靠性差的问题。

3.5.1　提高主接线可靠性水平

在现有变电站中，断路器的两侧都布置有隔离开关，起到检修断路器时隔离电源的作用。在这种布置方式下，任一断路器或隔离开关发生故障或计划检修均会导致相应线路或变压器停运，对主接线可靠性影响很大。由于主接线中隔离开关的数量远多于断路器，并且其主触头常年暴露在大气污染和工业污染之下，同时近年来断路器的制造水平越来越高，故障率和维护周期都大大缩短，因此对隔离开关的维护要求往往比断路器更高，这使得隔离开关成为影响主接线可靠性的一个关键因素。

隔离式断路器就是针对上述问题，采用绝缘体封闭的气体绝缘开关设备，取代传统的断路器和两侧隔离开关的组合，实现多个设备功能集成，并且隔离式断路器检修维护较少，维护周期与现有断路器相当而不存在隔离开关检修状态，因此可使得故障率最小化，大大提高主接线可靠性水平。

主接线状态的改变和故障事件的发生是由构成主接线的设备状态变化引起的，因此主接线的可靠性计算是基于整个主接线的网络结构和各个设备的可靠性。由于隔离断路器在我国应用时间尚短，缺乏大量的实际运行数据参考，目前国内尚无可靠性水平的统计，因此有必要探究隔离断路器的可靠性模型和其对系统可靠性的影响。

变电站主接线可靠性计算中通常选用以下可靠性判据。

1）某一回进（出）线停运。

2）某几回进（出）线组合停运。

3）全站停运。

在本节算例中，由于对全站所有进出线中相应设备进行替换，因此选用全站停运，即变电站内所有负荷均得不到供电作为主接线可靠性判据，以便更好地比较新型设备的使用对整个变电站主接线可靠性的影响。

主接线状态的改变和故障事件的发生是由构成主接线的设备状态变化引起的，因此主接线的可靠性计算是基于整个主接线的网络结构和各个设备的可靠性。最小割集法是将所需计算的系统状态限制在最小割集状态内，它代表了导致系统故障的所有基本模式，对其进行可靠性指标的计算即可得到整个主接线系统的可靠性数据。

采用基于邻接终点矩阵的最小割集算法，描述如下。

设 $N(V, E)$ 是一个由节点和支路组成的网络图。定义 n 阶方阵 $A_1 = [a_{ij}^1]$ 是图 N 的邻接矩阵，其中

$$a_{ij}^1 = \begin{cases} v_i v_j & \text{当 } v_i \text{ 和 } v_j \text{ 有支路连接时} \\ 0 & \text{当 } v_i \text{ 和 } v_j \text{ 没有支路连接时或 } i = j \text{ 时} \end{cases} \tag{3-1}$$

矩阵 A_1 的元素代表途中长度为 1 的支路。

定义 n 阶方阵 $R = [r_{jk}]$ 是图 N 的终点矩阵，其中

$$R_{jk} = \begin{cases} v_k & \text{当 } v_j \text{ 和 } v_k \text{ 有支路连接时} \\ 0 & \text{当 } v_j \text{ 和 } v_k \text{ 没有支路连接时或 } j = k \text{ 时} \end{cases} \tag{3-2}$$

矩阵 R 的元素代表相应支路的终点。

定义 A_1 和 R 之间的运算方式 " $*$ " 生成矩阵 A_2

$$A_2 = [a_{ik}^2] = A_1 * R = \{a_{ij}^1 * r_{jk} \mid j = 1, 2, \cdots, n\} \tag{3-3}$$

其中，当 $a_{ij}^1 = v_i v_j$，$r_{jk} = v_k$

$$a_{ij}^1 * r_{jk} = \begin{cases} v_i v_j v_k & \text{当 } v_i \text{、} v_j \text{、} v_k \text{ 互不相同时} \\ 0 & \text{当 } a_{ij}^1 = 0 \text{ 或 } r_{jk} = 0 \text{ 或 } v_k \text{ 至少与 } v_i \text{、} v_j \text{ 中的一个相同时} \end{cases} \tag{3-4}$$

矩阵 A_2 的元素代表所有长度为 2 的支路。以此类推，可以得到 A_3，A_4，$\cdots$，A_{n-1}，从而得到网络中任意两个节点之间所有长度的支路。

根据每条最小路中包含的设备，列写出最小路集矩阵。对最小路集矩阵的列向量进行逻辑运算，若 $m(m \geqslant 1)$ 列向量逻辑相加得到元素值全为 1，则这 m 个设备的并

联组合就是系统的 m 阶割集。舍弃包含低阶割集的情况后，即可得到在给定的可靠性判据下主接线系统的最小割集状态。

在给定的可靠性判据下采用主接线系统故障率 λ_s（次/年）、年平均故障停电时间 U_s（小时/年）、可用度 A、故障频率 f_s（次/年）和期望故障受阻电能 $EENS$（MW·h/年）作为可靠性评估指标。

对于最小割集状态，其可靠性指标按如下原则计算。

（1）1 阶割集。即单个设备失效导致主接线故障。不考虑仅对一个设备计划检修的情况，因此 1 阶割集的故障率 $\lambda_{\rm I}$ 和故障停运时间 $\gamma_{\rm I}$ 即为单个设备的强迫故障率和强迫故障停运时间。

（2）2 阶割集。即两个设备同时失效导致主接线故障。两个设备同时发生强迫故障停运时，故障率 $\lambda_{\rm IIa}$ 和故障停运时间 $\gamma_{\rm IIa}$ 为

$$\lambda_{\rm IIa} = \lambda_{1R}\lambda_{2R}(\gamma_{1R} + \gamma_{2R}) \tag{3-5}$$

$$\gamma_{\rm IIa} = \frac{\gamma_{1R}\gamma_{2R}}{\gamma_{1R} + \gamma_{2R}} \tag{3-6}$$

式中：λ_{1R}、λ_{2R}、γ_{1R}、γ_{2R} 分别是设备 1、2 的强迫故障率和强迫故障停运时间。

两个设备一个处于计划检修状态，另一个发生强迫故障停运时，故障率 $\lambda_{\rm IIb}$ 和故障停运时间 $\gamma_{\rm IIb}$ 为

$$\lambda_{\rm IIb} = \lambda_{1M}\lambda_{2R}\gamma_{1M} + \lambda_{2M}\lambda_{1R}\gamma_{2M} \tag{3-7}$$

$$\gamma_{\rm IIb} = \frac{1}{\lambda_{1M}\lambda_{2R}\gamma_{1M} + \lambda_{2M}\lambda_{1R}\gamma_{2M}} \left(\frac{\gamma_{2R}}{\gamma_{1M} + \gamma_{2R}}\lambda_{1M}\lambda_{2R}\gamma_{1M}^2 + \frac{\gamma_{1R}}{\gamma_{2M} + \gamma_{1R}}\lambda_{2M}\lambda_{1R}\gamma_{2M}^2 \right) \tag{3-8}$$

式中：λ_{1M}、λ_{2M}、γ_{1M}、γ_{2M} 分别是设备 1、设备 2 的计划检修率和计划检修停运时间。

各个最小割集状态之间是串联关系，因此，整个主接线系统的可靠性指标计算如下

$$\lambda_S = \sum_{i \in C_1}\lambda_{\rm Ii} + \sum_{j \in C_2}\lambda_{\rm IIj} \tag{3-9}$$

$$U_S = \sum_{i \in C_1}\lambda_{\rm Ii}\gamma_{\rm Ii} + \sum_{j \in C_2}\lambda_{\rm IIj}\gamma_{\rm IIj} \tag{3-10}$$

$$A_S = 1 - U_S/8760 \tag{3-11}$$

$$f_S = \lambda_S * A_S \tag{3-12}$$

$$EENS = \sum_{i \in C_1}\lambda_{\rm Ii}\gamma_{\rm Ii}L_{\rm Ii} + \sum_{j \in C_2}\lambda_{\rm IIj}\gamma_{\rm IIj}L_{\rm IIj} \tag{3-13}$$

式中：C_1、C_2 分别为 1 阶和 2 阶最小割集状态；L 是对应出线所带的负荷。

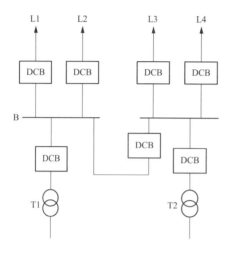

图 3-13 110kV 侧含 DCB 的单母线分段接线

采用《国家电网公司输变电工程通用设计 110(66)～750kV 智能变电站部分》推荐双母线接线为 220kV 智能变电站的典型接线形式之一进行算例分析。某规划中的 220kV 新一代智能变电站，本期拟启用两台变压器，110kV 侧计划采用含隔离式断路器的单母线分段接线如图 3-13 所示，共四回出线，取消接线形式中所有的隔离开关配置；220kV 侧计划采用含隔离式断路器的双母线接线方式如图 3-14 所示，共四回出线，取消所有线路侧的隔离开关，仍保留部分母线侧隔离开关。

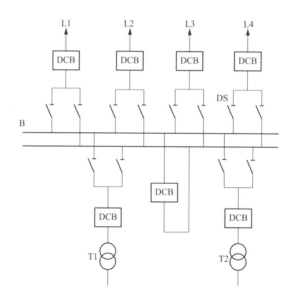

图 3-14 220kV 侧含 DCB 的双母线接线

参考设备运行的历史统计数据，电气主接线中各类典型设备的可靠性参数见表 3-6。同时假定每回出线负荷均为 10MW。

表 3-6   主接线设备的可靠性参数

设备	λ_R	γ_R	λ_M	γ_M
变压器 T	0.0138	60.366	0.41	71.13
母线 B	0.003	37.475	0.17	24.41
断路器 CB	0.0126	19.495	0.37	32.06
隔离开关 DS	0.0028	31.193	0.14	32.56
隔离式断路器 DCB	0.01	18.000	0.30	30.00

其中，λ_R 是强迫故障率（次/台·年）；γ_R 是强迫故障停运时间（h/次）；λ_M 是计划检修率（次/台·年）；γ_M 是计划检修停运时间（h/次）。

对采用常规设备的双母线接线和采用隔离式断路器的单母线分段和双母线两种接线形式，根据最小割集算法计算其可靠性水平，结果见表 3-7。

表 3-7   主接线的可靠性指标

接线方案	λ_S	U_S	A_S	f_S	$EENS$
含 CB 的双母线接线	3.29	70.16	0.992	3.264	3.290
含 DCB 的单母线分段	2.32	52.54	0.994	2.230	2.314
含 DCB 的双母线接线	1.88	44.30	0.995	1.871	1.881

从表 3-7 可以看到，采用隔离式断路器后，电气主接线的可靠性水平得到了提高。相对于采用常规设备的双母线接线，采用了隔离式断路器的单母线分段接线和双母线接线的故障率分别下降了 29.48% 和 42.86%，年平均停电时间分别缩短了 25.11% 和 36.86%，期望故障受阻电能也分别减少了 29.67% 和 42.83%。因此，在 220kV 的新一代智能变电站中，通过采用隔离式断路器，220kV 继续采用双母线接线将确保更高的可靠性，而 110kV 侧不仅将原双母线接线简化为单母分段接线，同时也保证其对可靠性的要求。

3.5.2 优化电气主接线

DCB 的研制是实现断路器具备隔离功能的技术创新。DCB 通过设备集成提升了可靠性，也给新一代智能变电站的主接线优化提供了可能。图 3-15 为采用传统断路器和采用 DCB 的间隔对比图。采用传统断路器，断路器两侧均配置隔离开关，用于断路器检修时隔离电源，在此接线方式下，间隔内任一元件（母线隔离开关及线路侧隔离开关等）故障或检修均导致相应线路或主变压器退出运行，间隔内元件的数量和可

靠性对整体运行影响很大；如果采用DCB设备，由于隔离式断路器内部集成了断路器、接地开关、电流互感器等元件，断路器的触头兼具断路器和隔离开关的双重功能且带线路侧接地开关，因此取消线路侧隔离开关，同样能满足线路（或主变压器）检修时的需要。可见DCB设备的采用，极大简化了主接线形式。

（a）

（b）

图3-15　单母线配电装置间隔接线

（a）采用传统断路器间隔；（b）采用DCB间隔

电气主接线是电力系统的重要组成部分，主接线方案与电力系统整体及变电站本身运行的可靠性、灵活性和经济性密切相关。确定电气主接线形式时应满足以下要求。

（1）可靠性。任何设备检修时，避免全站停运的可能性；除母联断路器及分段断路器故障外，任何一台断路器检修期间，又发生另一台断路器故障、拒动或母线故障，不宜切除过多回路。

（2）灵活性。电气主接线应满足在调度、检修及扩建时的灵活性。

（3）经济性。电气主接线在满足可靠性、灵活性要求的前提下应做到经济合理，要求投资省、占地面积小、电能损失少。

根据主接线优化原则，结合集成式智能隔离断路器的特点，对电气主接线优化分析如下。

（1）220kV 电气接线优化。根据我国电网网络结构，220kV 变电站在系统中具有重要地位。结合电网运行习惯及隔离断路器在我国还处于试点应用阶段的现状，220kV 变电站 220kV 接线仍采用双母线接线/双母线分段接线。国外对双母线接线的通常做法是采用两个隔离断路器跨接在两段母线上，完全取消隔离开关。考虑当前隔离断路器设备费用较高，结合我国国情，现阶段建议母线侧隔离开关暂不优化，采用两个隔离开关＋隔离断路器模式。待隔离断路器设备费用进一步降低后，再结合全寿命周期分析考虑是否采用双隔离断路器模式。现阶段我国传统 220kV 变电站和新一代智能变电站电气主接线对比如图 3-16 所示。

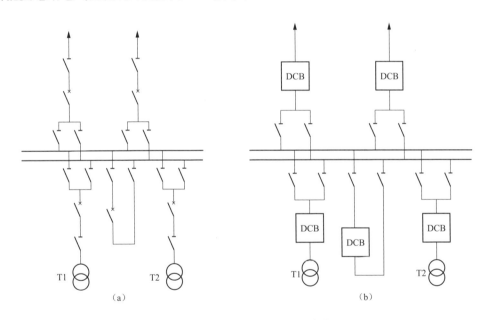

图 3-16　220kV 变电站电气主接线图
（a）传统变电站；（b）新一代智能变电站

双母线/单母线接线方式下，进出线侧隔离开关总是与断路器同时退出、投入运行，仅起到为断路器检修提供安全隔离的作用，采用隔离断路器后，取消进出线侧隔离开关并不影响系统安全运行。因此，在线路不考虑"T"接（或考虑"T"接但线路允许停电）时可取消进出线侧隔离开关，同时，隔离断路器集成了接地开关，对地释放电容电流及感应电流，可保证线路（主变压器）检修时人员的安全。取消线路隔离开关后，断路器将长期面对线路，为避免断路器因连续雷击而跳闸，造成重燃爆

炸，出线侧应加装避雷器。

分段间隔采用隔离断路器，如两侧不设置隔离开关，则在隔离断路器故障时会导致分段两侧的母线停电。这就要求运行时将这两段母线的负荷转移到另外段母线，若刚好该段母线故障或检修，则会导致变电站 220kV 电压等级负荷全停。因此，220kV 分段间隔两侧宜设置隔离开关。

（2）110kV 电气接线优化。我国 110kV 电网较为坚强，绝大部分 110kV 变电站实现了至少两路电源供电，220kV 变电站其中一条 110kV 母线检修时线路陪停不影响下级供电。因此，采用隔离断路器时考虑将双母线接线优化为单母线分段接线，110kV 母线按主变压器分段，负荷均布在各段母线上，同名回路布置在不同母线上。单母线分段接线、扩大内桥接线、内桥接线及线变组等接线形式较简单，根据建设规模及保证供电可靠性要求，采用隔离断路器后这些类型的接线形式不变。

单母线分段接线形式下，当隔离断路器故障引起母线停电时，因同名回路布置不同母线及考虑系统上负荷转代，不会影响供电；同时考虑隔离断路器故障率低于隔离开关，采用隔离式断路器时考虑取消母线侧隔离开关。同 220kV 进出线间隔分析，在线路不考虑"T"接（或考虑"T"接但线路允许停电）时可取消进出线侧隔离开关。分段间隔采用隔离断路器时，若两侧不设置隔离开关，隔离断路器故障时会导致分段两侧的母线停电，造成 110kV 变电站全停，因此 110kV 分段间隔两侧宜设置隔离开关。

考虑内桥接线特点，当隔离断路器故障引起母线停电时，该段母线无其他出线回路，不会影响供电。因此，采用隔离式断路器时考虑取消出线回路母线侧隔离开关，出线侧隔离开关在线路不考虑"T"接（或考虑"T"接但线路允许停电）时可取消。扩大内桥接线形式的隔离开关配置同内桥接线，取消出线回路母线侧及出线侧隔离开关。

线变组接线形式下，断路器变压器侧设置隔离开关是为了断路器检修时隔离电源和保证检修人员人身安全，仅起到为断路器检修提供安全隔离的作用，取消变压器侧隔离开关后并不影响系统安全运行。考虑隔离开关故障率高于断路器，采用隔离断路器后线变组接线取消变压器侧隔离开关，出线侧隔离开关在线路不考虑"T"接（或考虑"T"接但线路允许停电）时可取消。

综上优化电气主接线时隔离开关配置建议如下。

1. 220kV 变电站

（1）220、110kV 电气主接线，当出线上无"T"接线时，或有"T"接线但线路允许停电时，应取消线路侧隔离开关。

（2）当 220kV 电气主接线为单母线（分段）接线时，同名回路应布置在不同母线上，户外 AIS 配电装置可取消母线侧隔离开关。

（3）110kV 电气主接线宜简化为以主变压器为单元的单母线分段接线，同名回路应布置在不同母线上。户外 AIS 配电装置宜取消母线侧隔离开关。

（4）采用单母线接线的 220、110kV 分段间隔断路器两侧宜设置隔离开关。

2. 110kV 变电站

（1）110kV 电气主接线，当出线上无"T"接线时，或有"T"接线但线路允许停电时，应取消线路侧隔离开关。

（2）110kV 电气主接线为单母线（分段）接线时，同名回路应布置在不同母线上，户外 AIS 配电装置宜取消母线侧隔离开关。110kV 分段间隔断路器两侧宜设置隔离开关。

（3）110kV 电气主接线为桥形接线时，户外 AIS 配电装置取消线路断路器主变压器侧隔离开关。

（4）110kV 电气主接线为线变组接线时，户外 AIS 配电装置取消变压器侧隔离开关。

典型断面间隔图如图 3-17～图 3-20 所示。

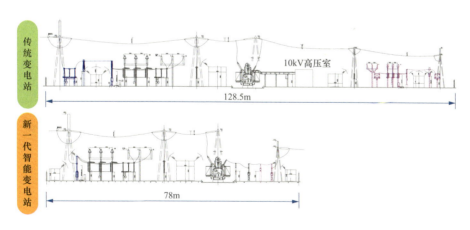

图 3-17　220kV 户外 AIS 站间隔断面图

如图 3-17 所示，采用集电子式互感器、隔离开关和断路器于一体的集成式智能断路器，应用封闭母线，配电装置纵向尺寸由 128.5m 优化至 78m。

如图 3-18 所示，架空出线方案，由 86m 优化至 63m；电缆出线方案，由 86m 优化至 45m（站内无架构）。

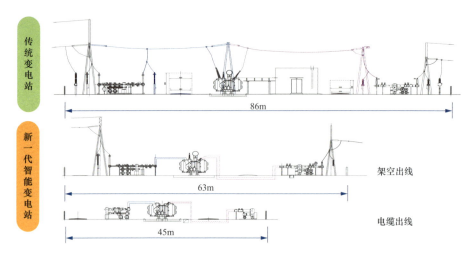

图 3-18 220kV 户外 GIS 站间隔断面图

如图 3-19 所示，采用一体化设备，应用封闭式管母线（GIB 管）和预制舱式建筑，配电装置纵向尺寸由 65m 优化至 38m。

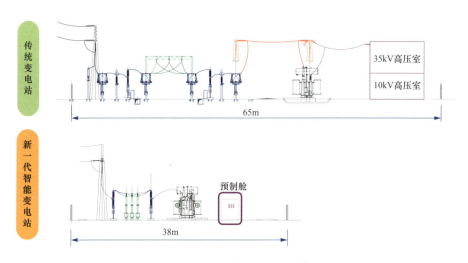

图 3-19 110kV 户外 AIS 站间隔断面图

如图 3-20 所示，架空出线方案，由 63.9m 优化至 40m；电缆出线方案，由 63.9m 优化至 29m（站内无架构）。

综上对电气主接线进行优化设计分析，优化后设备元件减少，减少了故障点，降低了设备故障率，提高了供电可靠性；同时，结合主接线优化可对电气总平面布置进行进一步优化，大幅节省占地，具有较强的工程实用价值。

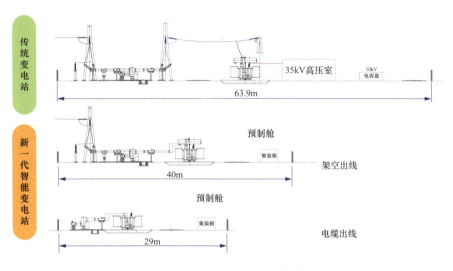

图 3-20　110kV 户外 GIS 站间隔断面图

第4章

智能设备制造技术

新一代智能变电站提出以"系统高度集成、结构布局合理、装备先进适用、经济节能环保、支撑调控一体"为目标的概念设计方案。方案实现了由以往选择已有产品、由厂家为主导的分专业设计模式向设计引导设备研制的整体集成设计模式转变。为实现"占地少、造价省、可靠性高、建设效率高"等目的,新一代变电站的设备应具有小型化、智能化、集成化、一体化、模块化、免维护、高可靠、节能环保等特征。

本章结合新一代智能变电站示范工程建设经验,介绍了智能变压器、集成式无功设备、智能 GIS、小型化开关柜、电子式互感器等智能一次设备,分析其构成和技术原理,探讨了新一代智能变电站中智能一次设备的未来发展方向。

4.1　智　能　变　压　器

变压器在变电站系统的构成中属于核心部分,完成电能的变换和输送等功能,其自身可靠性是电网安全稳定运行的直接保证。变压器是由电工材料构成的工业装备,所用材料主要为金属和绝缘材料,相对于金属材料而言,绝缘材料更容易损坏,特别是有机绝缘材料,很容易老化变质而使机电强度显著降低,随着长期运行而逐渐劣化,甚至出现事故。变压器一旦出现故障,将会造成重大的经济损失和社会影响,因此及时、准确、全面地了解掌握它们的运行状况非常重要。

智能变压器是为适应国家智能电网、智能变电站建设而开发的新型变压器。其采用先进的数字化检测技术和高速以太网通信技术,将各类传感器和执行器植入到变压器上,并通过智能软件的管理,实现变压器的监测、控制、测量、保护等基本功能,并可支持在线分析决策、实时自动控制、智能调节、协同互动等高级功能。

4.1.1　智能变压器的构成

智能变压器是计算机技术、电力电子技术、传感技术、自动控制技术、通信技术和变压器技术不断融合的结果,是具有电压变换与电能传输、在线监控与远程通信并满足用户多样化需求的多功能变压器,主要由变压器本体、主控单元、调节控制部件、传感采集、通信传输等单元组成。智能变压器的结构如图 4-1 所示。

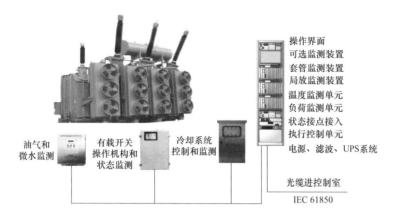

图 4-1 智能变压器结构图

（1）变压器本体。252、126kV 变压器一般为三相三绕组有载调压或无励磁调压变压器，三相三柱式铁芯结构，高压端部出线，采用电缆或架空出线方式，片式散热分体式布置的结构。

（2）主控单元。主控单元作为变压器智能核心，具备数据采集、处理、通信、存储等功能。对变压器运行参数如电压、电流、功率、功率因数、温度等进行监测并实时控制，实现遥信、遥测、遥控功能。在变压器供电回路出现故障时及时进行保护和报警，为检修人员快速定位和处理故障提供良好的帮助。主控单元可分为集成式和分布式，集成式采用机箱插板式结构。

（3）智能化集成设备。智能变压器需要配置必要的传感器和智能组件，以满足变压器本体测控、监测和保护的需要，实现油中溶解气体检测、有载分接开关控制、冷却器控制、绕组温度监测等功能，对变压器运行状态和控制状态进行智能评估。传感器采集变压器本体的特征参量，智能组件采集传感器信息、合并单元采集系统电压、电流数据等，按 IEC 61850 的通信规约要求，以 MMS 报文和 GOOSE 报文的形式传输给测控装置、保护装置和监控后台。在接收远方控制命令进行出口控制的同时，智能组件可结合变压器的就地运行情况实现智能化的非电量保护、风冷控制、有载分接开关控制及运行状态的监视和综合判断等功能。

为保证数据源的统一，避免重复采样，增加状态评估和运行控制的信息维度，测量、控制、非电量保护、监测等需要共享传感器信息及电网电压、电流信息。基于过程层网络通过智能组件实现信息共享的技术方案，可简化智能化的硬件布局，提升整体的智能化水平。

智能组件与变压器本体进行一体化设计，变压器智能组件柜落地布置。变压器、传感器与本体智能组件柜及智能电子设备之间的连接采用电缆连接，电子式互感器与合并单元采用光纤连接。智能组件柜与后台采用光纤配线盒来实现光缆连接。

4.1.2　智能变压器的技术要求

智能变压器的智能化主要体现在如下五个方面。

（1）测量数字化。对变压器及其部件的测量实行就地数字化，站控层和过程层可通过数字化网络采集、调用测量结果，用于变压器或其他设备的监控。

（2）控制网络化。对有控制需求的变压器或部件实现基于网络的控制。

（3）状态可视化。变压器通过信息交互或自检测获得状态信息，可由智能电网其他相关系统以可辨识的方式进行表述，变压器的运行状态可以在电网中进行观测。

（4）功能一体化。在不影响产品性能的条件下，实现变压器与传感器、执行器、互感器等部件的集成；将测量、控制、监测、计量、保护进行一体化融合设计。

（5）信息互动化。通过网络实现变压器与站控层、过程层及其他系统的信息共享。

根据智能变压器测量数字化、控制网络化、状态可视化、功能一体化和信息互动化的总体要求，智能变压器要达到如下的技术要求。

（1）根据实时获取的油箱顶部温度、环境温度和负荷电流评估绕组的热点温度、寿命损耗、过载能力以及紧急过负载时间，向冷却器控制系统发出操作指令，并评估冷却效率，超过设定参数，主动起停相应设备；超过极限参数，主动发出信息或指令。

（2）根据设定的冷却器控制方式（自动/手动），控制并监视冷却器的运行，制定冷却器投切策略，优化冷却器投切。监视冷却器可监测出每组风机的工作状态（工作、停止和故障）和电源状态（正常、断相、停电和故障），根据冷却效率提示是否清理。给出分类故障报警，紧急情况下主动发出指令。

（3）实时把气体继电器状态（轻瓦斯/重瓦斯）、压力释放器状态动作跳闸和压力继电器动作跳闸等作为最高优先级，并发出信息。

（4）将实时监测的油位、油箱内油压、油面温度和铁芯接地电流等模拟量转换成数字量，作为状态评估和故障分析的数据，或将实时监测的数据上传。

（5）监测吸湿器的干燥状态，并根据设定的判据，起停吸湿器干燥装置。

（6）定时从油气监测装置中获取油气分析数据和油中含水量数据，分析变压器绝缘状态，记录其各种成分的变化趋势，评估绝缘水平。关注异常数据，并按 IEC

60599、GB/T 7252 或积累的经验推理，给出故障类型评估结果。对于超过预定变化速率的气体，给出紧急故障评估类型报警和原始数据。

智能变压器的逻辑控制如图 4-2 所示。

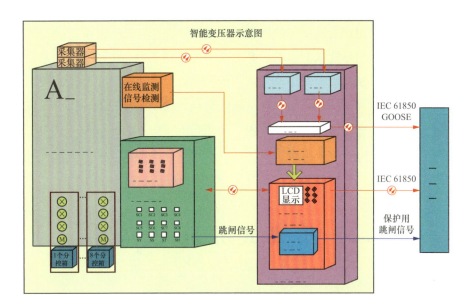

图 4-2　智能变压器的逻辑控制图

4.1.3　智能变压器的发展趋势

在现阶段示范工程中应用的智能变压器仍保持"变压器本体＋智能组件"结构，一次设备本体部分没有本质的变化，套管 TA 根据主接线需求取消。根据新一代智能变电站的基本要求，变压器应实现智能化、一体化和节能环保。其未来发展方向如下。

（1）变压器新型智能组件研制。加快远传型指针油位计、数字式速动油压继电器、数字式气体继电器、智能型储油柜、具有远传信号的压力释放阀、变压器油中气体含量的光声光谱检测装置、冷却器智能控制系统等二次组件的研制，提升变压器数字化、智能化水平。提升变压器本体与智能组件集成程度，优化变压器结构，避免因对变压器内置传感器检修造成的一次设备停电，提高智能变压器安全性水平。

（2）大容量气体绝缘变压器研制。气体绝缘变压器使用不燃的、防灾性与安全性都很好的环保气体作为绝缘介质，具有防火性能好、体积小、噪声低等优点。通过开展新型气体绝缘变压器研制，推进大容量新型气体绝缘变压器的技术发展，降低气体

变压器成本。

（3）植物绝缘油变压器研制。与矿物油相比，植物绝缘油具有绝缘性能优良、燃点高、介电常数大、饱和含水量高等天然特点。通过开展植物绝缘油性能改进和变压器优化设计研究，实现植物油变压器安全、可靠、经济运行，提高变压器运行寿命，并减少矿物绝缘油使用对石油资源的依赖和环境污染。

（4）电力电子、超导变压器研制。电力电子变压器集电力电子、电力系统、计算机、数字信号处理以及自动控制理论等技术于一体，具有小型化、环保、控制灵活等特点；高温超导变压器采用高温超导材料取代铜导线绕制超导线圈，以液氮取代变压器油作为冷却介质，在相同容量下其体积比常规变压器小 $40\%\sim60\%$，质量轻、损耗低、过负荷能力强。电力行业将密切跟踪材料等相关技术的发展，积极推进电力电子变压器和高温超导变压器的研制工作。

4.2　集成式并联电容器

并联电容器主要用于补偿电力系统感性负荷的无功功率，以提高功率因数，改善电压质量，降低线路损耗。目前国内大多数工程采用框架式并联电容器成套装置，少数工程采用了集合式电容器。框架式并联电容器成套装置是由多台单元电容器通过串并联连接组成，装设在框架上，可根据工程需要灵活设计成套方案，造价低、应用广泛，但占地面积较大，当变电站内电容器组数较多时，占地问题尤其突出。集合式电容器是将电容器组装在油箱内，电容器与大箱体之间采用变压器油起绝缘和散热作用，具有占地面积小、安装方便、维护工作量小、抗风沙能力强等优点。

集合式Ⅰ型电容器装置是我国特有的一种无功补偿设备。目前，箱体内部使用壳式电容器，在框架上组装后装入大箱体，在工厂内一般仅将电容器单元组合在一起，其他设备如电抗器、避雷器、放电线圈、一二次连线等其他部件基本上是散件发往用户，在现场按技术资料的要求组装成为电容器组，安装水平不一，易造成故障隐患。集合式Ⅱ型电容器装置是直接使用大元件组成芯体后装入大箱体，与其他设备如电抗器、避雷器、放电线圈、一二次连线等集成，具有免维护、高容量密度、占地面积小、可靠性高、安全性能好、低噪声、耐低温、抗覆冰等特点，目前国内只有少数厂家拥有该项制造技术。

在新一代智能化变电站中，在不影响无功补偿装置的使用寿命及可靠性的前提下，通过装置的紧凑型研究，实现装置的小型化布置，将电容器组、电抗器、避雷器、放电线圈、隔离开关等设备进一步集成，实现节约土地资源的目标。装置能够实现整体运输，产品整体设备就位，仅安装一次电缆接头和二次电缆接头工作，将现场安装工作量降到最低。

4.2.1　集成式并联电容器的构成

集成式并联电容器应满足高集成度装置所必须满足的条件为：①现场安装工作量最少，装置所有设备在生产厂家完成一次接线，并将设备的二次接口引线汇总到端子排上，要求装置的所有设备必须组装成一个整体；②装置应能实现整体运输，根据交通运输部规定，装置的最大尺寸宽度不能超过 2.5m，高度不超过 3m，给装置的布置带来了新的问题；③布置紧凑、占地少，为了满足上述条件，集成式并联电容器装置分成上下两个模块，由集合式电容器模块和箱变式模块两部分组成，箱变式模块设置在集合式电容器模块的上方。

集合式电容器模块主要由油箱箱体、电容器单元、压力释放阀、温控器、扩张器和出线套管组成。出线套管、压力释放阀、温控器、扩张器分别设置在油箱箱体外，与油箱箱体连接，电容器单元和放电线圈（放电线圈也可放置于箱变式模块内）设置在油箱箱体内。

箱变式模块主要由箱体外壳和设置在箱体外壳内的电抗器、隔离开关、避雷器、矩形母排、二次端子箱组成。本书以电压等级为 10kV、额定容量为 8000kvar 的集成式并联电容器为例，如图 4-3 所示。

装置的所有相关设备安装工作由专业厂家直接完成，整体发运，装置所有的一次设备直接与土建的装置安装基础定位焊接，如图 4-4 所示。

装置的一次部分通过矩形母线与外部连接，为装置提供电源。装置将一、二次设备的二次输出端口汇接于二次端子排上，通过二次电缆与变电站电容器支路其他控制设备接口相连。

图 4-3　10kV 集成式并联
电容器

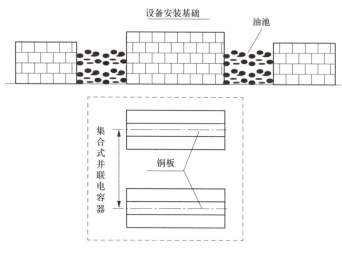

图 4-4　装置安装基础

4.2.2　集成式并联电容器的关键技术

1. 本体结构优化设计

为了满足现场安装工作量少、整体运输和布置紧凑、占地少的要求，装置优先选择一体式布置。由于运输对装置的总体高度有限制要求，因此电容器设计成扁平形，以利于控制装置整体高度。为了实现本装置的基本功能，对装置的多种布置结构进行了比较研究。集成式电容器本体结构如图 4-5 所示。

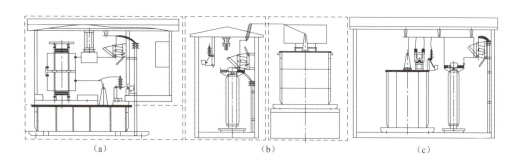

图 4-5　集成式电容器本体结构

（a）上下对接式结构；（b）左右分体式结构；（c）整体式结构

三种布置结构的优缺点比较见表 4-1。

表 4-1　　　　　　　　　　　　　　　　三种布置结构的优缺点比较

项目		上下对接式	左右分体式	整体式	比较说明
结构特点		箱变模块与集合式电容器模块上下一体	箱变模块与集合式电容器模块左右水平布置	箱变一体	上下对接式和整体式特点存在一定的雷同，可以实现整体运输
现场安装工作量		较少	较多	同上下对接式结构	上下对接式和整体式的现场安装工作量都较少
带电部位		无外露	外露	同上下对接式结构	上下对接式和整体式没有带电部位外露
检修		需返厂或就近厂房内解体集合式油箱，检修周期较长	需返厂或就近厂房内解体集合式油箱，检修周期较长	解体箱变，解体集合式油箱，检修周期最长，检修工作量最大	整体式的检修周期最长，工作量相对最大
占地面积	3000kvar	长×宽：3.34m×2.5m	长×宽：3.5m×3.2m	长×宽：4.6m×2.5m	左右分体式和整体式接近，上下对接式的占地最小
	8000kvar	长×宽：3.6m×2.5m	长×宽：4m×3.5m	长×宽：6m×2.5m	

　　上下对接式结构的布置尺寸最小，又能实现整体运输的要求，安装、运行维护和检修都比较方便，因此上下对接式结构是优选方案。在布置结构上，将电容器装置分成上下两个模块，即集合式电容器和箱变式模块。将电容器单元及放电线圈等一同装入铁壳内做成新型集合式电容器，形成集合式电容器模块。将电容器装置中的其他部件（电抗器、放电线圈、氧化锌避雷器、隔离开关等）优化布置在箱体外壳内，形成箱变式模块。将集合式电容器模块的上方平台作为安装平台，箱变式模块安装于集合式电容器模块的上方，形成上下对接式结构。

　　装置散热方面，由于箱体为封闭结构，电抗器、隔离开关等放置在箱体内，首先必须考虑的是箱体的散热能力。保持箱体内部温度不超过电容器的安全运行温度。箱体内温度控制关系到电容器的使用寿命，因此设计时需对箱体排风量和进出口有效面积进行核算。

　　工程中要求最高环境温度为 45℃，根据装置所有设备的特性，设备的最高环境运行温度可选为 55℃，箱体内的温升不得超过 10K。为了留有一定的安全裕度，选 7～8K 为宜，确保装置的安全运行，三种结构形式具体计算结果见表 4-2 和表 4-3。

表4-2 在同等通风量、进出口有效面积三种布置结构的温升比较

项目	上下对接式结构	左右分体式结构	整体式结构
通风量（m³/h）	3820	3820	3820
进出口有效面积（m²）	2.57	2.57	2.57
温升（K）	7	6.6	8.1

表4-3 在同等温升条件下三种布置结构通风量、进出口有效面积

项目	上下对接式结构	左右分体式结构	整体式结构
通风量（m³/h）	3820	3610	4320
进出口有效面积（m²）	2.57	2.43	2.91
温升（K）	7	7	7

从表4-2中数据可知，在同等通风量、进出口有效面积下，整体式结构的温升最高，电容器全部安装在箱体内，对寿命影响最大；上下对接式结构的温升次之，左右分体式结构的温升最低。从表4-3中数据得知，在控制箱变模块内相同温升下，整体式结构所需通风量和进出口有效面积最大，上下对接式结构所需通风量和进出口有效面积次之，左右分体式结构所需通风量和进出口有效面积最小。

从计算结果来看，左右分体式结构的温升最低，但由于左右分体式结构无法实现一体式运输且占地也较大，因此上下对接式结构为优选方案。

2. 提升可靠性能设计

为提高集合式电容器的可靠性，其设计场强比框架式电容器降低约10%，并采用优质聚丙烯薄膜、高性能绝缘油、添加抗老化剂、隐藏式双并内熔丝结构、加装散热器等措施。

（1）采用全膜电容器制造技术，降低元件早期击穿率。膜的老化表现为耐电能力的下降，而不是损耗的增加。膜的老化主要与以下三个方面的因素有关：①热的作用：在温度超过一定数值时，聚丙烯薄膜会发生解取向，导致其介电强度大大降低；②杂质的作用：其边缘最大场强可达到均匀场强的2～3倍，而膜具有静电吸附作用，杂质粒子在电场的作用下会积聚在膜的表面，在杂质表面的高场强作用下，聚丙烯分子会裂解或发生解取向，导致膜的老化；③自由基的作用：油中自由基的存在，加上聚丙烯分子链中存在大量的不饱和键，使聚丙烯分子链变得比较脆弱，自由基与聚丙烯分子链中的不饱和键发生化学反应后，导致聚丙烯分子裂解或发生解取向，使膜发生老化。

（2）完善浸渍工艺。浸渍工艺不成熟或不完善，也会造成膜的击穿。对于全膜电容器来说，液体介质应渗透到电容器固体介质内的所有空隙，消除产品内的残存气体，减少局部放电的产生；而真空浸渍工艺要解决的关键问题是如何尽可能地排除微量水分和微量气体，及如何使液体介质能够充分渗透产品内的所有空隙。如果抽真空和注油浸渍都不够彻底，电容器的局部放电性能没有得到改善，运行过程中会加剧局部放电的发展，从而造成产品损坏。

（3）延缓绝缘油老化。绝缘油在电、热或电荷热的联合作用下，会产生自由基，自由基在一定条件下会与苯环上的不饱和键发生化学反应，使油的性能下降；另外，由于油中自由基的存在，加上聚丙烯分子链中存在大量的不饱和键，使聚丙烯分子链变得比较脆弱，自由基与聚丙烯分子链中的不饱和键发生化学反应后，导致聚丙烯分子裂解或发生解取向，使膜发生老化。

解决电容器中的绝缘油老化问题的方法有：①选用芳香度大的绝缘油，吸收自由基和吸收油老化过程中产生的气体；②采用先进油处理工艺对油进行脱气、脱水、去除杂质；③绝缘油中添加 GRT10、GRT20 系列的抗老化添加剂。

（4）采用隐藏式双并内熔丝结构，确保内熔丝可靠性。早期集合式电容器损坏，有一部分原因是内熔丝的隔离性能和结构存在缺陷，导致熔丝该动作时不动作，或动作了又牵连其他完好熔丝动作甚至引起群爆的情况。另外，传统内熔丝结构隔离性能不好，残压低，熔丝动作消耗的能量大，对油的污染大，恶化运行条件，加速电容器损坏，个别元件击穿导致整台电容器故障扩大。

解决该缺陷可采用隐藏式双并内熔丝结构。其隔离效果好，内熔丝的熔断点远离元件焊接点，避免熔丝动作对焊点的影响；当一个元件击穿时，只有该元件的熔丝动作，试验重复性优良；残压高，上限隔离试验时残压在 90% 以上且次数越多残压越高，优于标准 GB/T 11024.4 要求的 70%；耐充放电能力强，内熔丝置于元件之间，可以减小 5 次充放电试验时电动力对内熔丝的作用，使内熔丝能通过直流 $3U_N$ 以上的短路放电，优于标准 GB/T 11024.4 要求的 $2.5U_N$ 的要求；动作范围广，熔丝动作的电压范围可以从 $0.6U_N$ 的下限电压到 $2.5U_N$ 的上限电压，元件并联数量从 5～500 均能可靠动作，优于标准 GB/T 11024.4 的下限电压 $0.9\sqrt{2}U_N$ 和上限电压 $2.2\sqrt{2}U_N$ 的要求。即使熔丝熔断，对电容器内部绝缘油的污染也很小，可以满足电容器的使用要

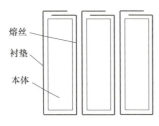

熔丝
衬垫
本体

图4-6　隐藏式双并内
熔丝结构

求。隐藏式双并内熔丝结构如图4-6所示。

（5）合理加装散热器降低电容器温升，延长电容器寿命。相对膜纸复合集合式电容器，全膜电容器的散热问题已经大大缓解，但是由于集合式电容器单台容量越做越大，外部环境温度较高时，散热问题仍然很突出。

在同样的条件下，集合式电容器运行时最热点的温度可能会比框架式电容器高15℃左右，因此，集合式电容器的设计场强通常会比框架式电容器低。而绝缘设计寿命服从8℃规则，即温度每升高8℃，电容器的寿命就减半。通过计算对容量相对较大的集合式电容器加装了片式散热器，而且改进了散热器的形状、结构、密封问题及外表面处理工艺，试验表明，加装散热器后可将电容器上层油温升由15K降到8K，可延长电容器寿命。

4.2.3　集成式并联电容器的发展趋势

采用集成式电容器有以下优点：①安装简便：电容器在现场只需要整体吊装于基础上即可；②运行维护简单：用户不需要定期对单台电容器单元进行预试，清洗，降低了年检测试工作量和维护费用；③占地面积小，节约征地费用：由于采用了油绝缘，降低了绝缘间隙，外壳直接落地安装，不需要加装围栏，降低了围栏成本；④外绝缘可采用大爬距套管：防雨雪、防小动物危害的能力强；⑤电容器单元间的连线由制造厂在厂内控制，不会因为外部失控，产生发热问题；⑥内部端子间距缩小，油中连接线的过电流能力较强，因此，连线的制造成本降低。

后续应研究大容量卷铁芯技术，进一步提高电容器装置的集成度，减少占地面积。油箱内部是由大容量元件组合而成的芯体，可以很容易且准确地得到智能化监测所需要的数据，加之装置具有单台容量大、小型化、一体化等特点，节省各种传感器的使用数量，降低集成式电容器装置实现智能化的成本。

4.3　智　能　GIS

气体绝缘金属封闭开关设备（Gas Insulated Switchgear，GIS）是将变电站中的部分高压电气元件成套组合在一起，包括断路器、隔离开关、接地开关、电流互感器、电压互感器、氧化锌避雷器、主母线、出线套管、电缆连接装置、变压器直连装置和间隔汇控柜等基本原件，利用 SF_6 气体的优良绝缘性能和灭弧性能使得设备小型化。GIS 的优点在于结构紧凑、占地面积小、可靠性高、配置灵活、安装方便、安全性强、环境适应能力强、维护工作量很小。但是，随着智能变电站的逐步推广和运行，对高压开关设备的小型化、集成化和智能化要求更高。现有智能变电站中 GIS 设备仍存在着不足：①一次设备智能化程度不高，一、二次设备未能真正实现融合；②在线监测设备与一次设备没有有效集成，大部分在已安装好的变电站现场安装相关外置传感器，传感器精度难以保证且影响设备整体布局；③变电站和调度主站之间功能定位没有有效衔接，存在信息重复处理问题等。为了适应新一代智能变电站相关要求，应用于新一代智能变电站的智能 GIS 需能够对自身和电网的状态进行感知和评估，并能根据评估结果与智能电网进行互动，进而优化智能电网的控制和支撑智能电网的运行。

智能 GIS 是将微电子技术、计算机技术、传感技术以及数字处理技术同电器控制技术结合在一起，应用在 GIS 的一次和二次部分，将传统的机电系统发展成以计算机为中心的现代智能化系统。具体来说，它是采用数字信号处理，用新型传感器替代笨重的电磁式互感器，新的电子操动机构代替机电继电器。利用免损传感器采集 GIS 的状态数据，这些数据通过光纤数据总线送到其他具有控制、保护、计量功能的计算机中，计算机对数据进行检测、分析、判断、控制、保护和测量，监视 GIS 的运行状态，并可对系统自身进行定期自检，变定期检修（TBM）为状态检修（CBM），通过趋势分析，识别存在的故障，采取必要的措施，大大提高运行可靠性，节省检修费用。

4.3.1 智能 GIS 的构成

智能 GIS 改变了传统 GIS 的组成结构，比如在同一间隔内取消原有的电磁式互感器、辅助开关，新增电子式电流/电压互感器、合并单元、状态监测 IED 等设备，同时减少了电缆，对减少维护工作量有着积极作用；通信改为光纤，增强了抗干扰性，并且与网络设备的联系更加紧密。智能 GIS 与常规 GIS 对比如图 4-7 所示。

根据智能 GIS 的定义，智能 GIS 应是具有相关测量、控制、计量和保护功能的数字化一次设备，可实现"自我参量检测、就地综合评估、实时状态预报"等自我诊断功能。在目前阶段，智能化的 GIS 仍由 GIS 本体与智能组件组成。智能组件的功能包括：

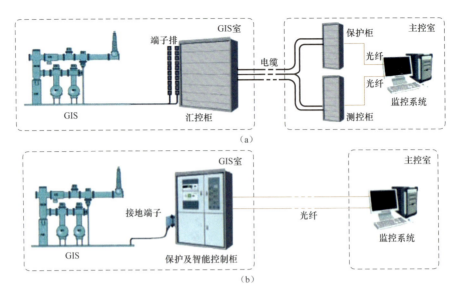

图 4-7　智能 GIS 与常规 GIS 对比示意图

(a) 常规 GIS；(b) 智能 GIS

（1）对断路器实现控制。接收测控装置和继电保护装置的指令，通过机构箱完成开关设备的分、合闸操作，并对断路器相关参量进行测量。

（2）状态监测信息的采集。包括 SF_6 气体密度及水分、局部放电、机械特性等监测项目的全部或部分内容，并按照 IEC 61850 标准建模传给后台系统。

（3）状态诊断功能。综合各项状态监测数据以及断路器各侧的运行信息和故障记录信息，对断路器的状态进行分析和诊断功能。

（4）数据建模和通信符合 IEC 61850 标准。断路器智能组件的测量、控制以及监测等内容均按照 IEC 61850 体系要求建模并按照 IEC 61850 标准进行信息交互。

（5）信息交互功能。智能组件在 IEC 61850 体系下完成智能组件内各 IED 的信息交互以及智能组件与站控层系统、间隔层设备之间的信息交互功能。

在上述基本功能基础上，还可以增加选相合闸功能，即从合并单元（MU）采集系统电压数据，据此判断电压过零点时刻。接收测控装置的合闸命令，经时延将合闸命令发送到智能终端完成在预期合闸相位的合闸操作。

为实现上述功能，智能组件包括：智能终端、测控装置、监测主 IED、局部放电监测 IED、机构状态监测 IED（可包括分合闸线圈电流波形、分合闸时间、行程—时间曲线、储能系统状态等，根据工程实际选择应用）、SF_6 气体状态监测 IED（可包括压力、密度、水分)、选相合闸控制器、合并单元等。GIS 智能组件组成如图 4-8 所示。

4.3.2 智能 GIS 的技术要求

(1)基于新一代智能变电站设备集成、功能集成、系统集成和专业集成的设计原则,对目前智能变电站的三层两网结构进行优化,在不改变站控层网络的基础上,将原来间隔层设备和过程层设备进行有效集成,模块化设计集成到一个装置中,该装置是通过站控层交换机与站控层设备交互的唯一设备,并通过光纤直连方式与开关本体交互,对变电站系统来说仅有两层一网,简化了网络结构和系统

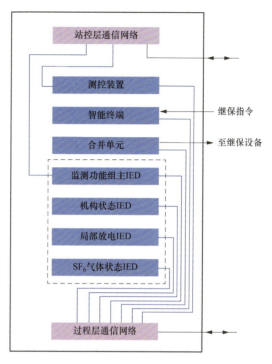

图 4-8 GIS 智能组件的组成示意图

复杂度。最终建立紧凑化结构的新一代智能高压开关设备网络信息流,如图 4-9 所示。

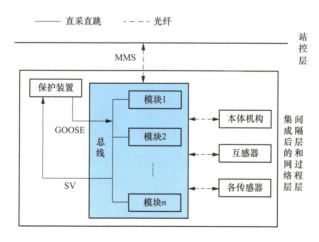

图 4-9 新一代智能 GIS 的信息流架构

(2)在研究二次设备功能的基础上,将传统二次设备进行模块化设计并集成到智能主机中。智能主机各模块间通过背板总线进行通信。智能主机集成了测控保护、智

87

能终端、合并单元、局放监测 IED、状态监测主 IED 等二次设备的功能，可以实现站控层设备与开关本体的交互，同时可支持智能 GIS 前沿技术（如状态评估与故障诊断技术、智能控制技术、声学指纹技术等）的应用扩展，是新一代智能 GIS 的核心设备之一。二次设备的模块化设计与集成减少了设备投资，提高了设备集成度，为简化智能 GIS 的系统复杂度和网络信息流起到了决定性作用。

（3）基于分布式控制思想，打破现有的一、二次设备界限，减轻智能主机的信息处理量，为智能 GIS 的每个机构配置一个控制器（在机构箱中），将二次设备的部分功能下放，该控制器不仅可以接收智能主机的控制命令，具备分合闸（防跳、低气压闭锁、低油压闭锁、超时保护等）、储能电动机（液压机构或弹簧机构）、机构加热器的控制功能，同时还具备该机构的测量和监测功能，可采集传感器（分合闸线圈电流传感器、储能电动机电流传感器、触头位移传感器、气室密度传感器、机构箱温湿度传感器、振动传感器、避雷器泄漏监测器等）信号，就地处理后经光纤上传至智能主机。用智能机构取代传统机构，可取消绝大部分传统二次回路和电缆，简化了二次配线，节约了材料和人力，缩短了装配和调试时间，实现了一、二次设备的有效集成，提高了一次设备的智能化水平。

4.3.3　智能 GIS 的发展趋势

为减少变电站尤其是城市中变电站的占地面积，新一代智能变电站对一次设备自身的尺寸及灵活布置、智能化程度等提出了更高要求。智能 GIS 应提高本体监测的有效性和准确性，达到可实时监控 GIS 运行状态的目的，同时应以 GIS 设备为核心考虑将状态监测传感器与 GIS 进行一体化设计，使 GIS 设备结构更加紧凑、设计更加合理、绝缘更加可靠；在智能组件中将相关测量、控制、计量、监测、保护进行融合设计，实现对设备的智能化控制；进一步优化智能控制柜的结构、尺寸，使设备整体可操作性、可维护性得到全面提升。

在现有 GIS 智能化的基础上，将智能组件进行集成化、模块化设计，采用分布式控制，用智能机构取代断路器、隔离开关、接地开关等传统机构，最大限度地打破一二次设备的界限，实现一二次设备有机融合，同时简化网络结构和系统复杂度。其中，智能机构用控制器取代传统控制回路，控制器通过光纤与上层设备通信，可将对应断路器或隔离开关的分合状态、闭锁信息等数字化后上传，也可接收命令进行分合操作，同时，还具备对应元件的状态监测功能。即对目前所用的智能终端、状态监测

IED、合并单元等智能组件进行模块化设计，集成为智能主机，负责该间隔的智能控制、状态评估等，同时集成测控、保护、计量等功能。

4.4　小型化开关柜

近年来，气体绝缘开关设备在我国得到了迅速地推广与应用，特别是城市电网建设和改造、轨道交通以及大型工矿企业等对开关设备提出了小型化、智能化、免维护、全工况等新的更高要求，对高性能、高品质充气柜的需求越来越强烈。由于传统空气绝缘开关设备受环境条件（如高海拔、潮湿、盐雾、污秽、腐蚀等）影响的局限性，同时，为增大输送容量和减小供电线损，变电站将越来越深入或接近负荷中心，要求开关设备提高对环境的适应性，包括轻、小型或紧凑型（占地少、体积小、耗材少），耐受复杂的环境和污染的影响（污秽、盐雾、凝露、小动物、海拔、化腐蚀、异物），减少或不对环境产生不良影响，易维护或免维护，减少维护风险、节能、降耗（节约资源），以降低设备全寿命周期成本。因此，具有高可靠性、安全性，小型化、智能化的气体绝缘开关设备越来越被广泛关注。

4.4.1　气体绝缘开关柜的发展与应用

中压柜式气体绝缘金属封闭开关设备（Cubicle Gas Insulated Switchgear，C-GIS），是一种以断路器为主开关，额定电流和短路电流参数在较高范围内的，用于 $10\sim35kV$ 或更高电压等级的一次配电系统设备。C-GIS 的出现首先是为提高开关柜的可靠性、安全性和环境适应性开发的，利用 SF_6 气体优良的绝缘性能，与成熟可靠的中压真空开断技术结合，将开关柜的带电元器件全部封闭在密封的气箱内，并采用全绝缘或全屏蔽的元器件（如电压互感器、避雷器）和连接方式与密封气箱插拔式连接，使开关柜整体的绝缘性能、载流性能不受环境和污染的影响，在提高设备运行的可靠性和安全性的同时，增强了设备对环境（如污染、潮湿、高海拔等）的适应性，减少了维护成本和维护风险，并使开关柜结构紧凑，实现设备小型化。

20 世纪 80 年代初，日本首先开发出 84kV C-GIS，当时采用的是厚钢板焊接的方箱形密封箱体。随后，有更多的公司开发了 $7.2\sim126kV$ 的 C-GIS 产品。母线全部置于 SF_6 气体中，主开关配真空断路器或配 SF_6 断路器；主接线与常规高压 GIS 基本一

致，上下隔离开关、接地开关、快速接地开关全部配齐；内置电流互感器、电压互感器、避雷器等元件。技术进步主要表现在将 SF$_6$ 气体绝缘技术应用到开关柜的制造上，充气压力降低，一般在 0.2MPa（表压）以下，通常现场安装时需要进行抽真空、充气。

20 世纪 80 年代中期到 20 世纪 90 年代中期，C-GIS 在 24～36kV 电压等级上有了更快的发展。以配真空断路器为主，方箱形密封箱体占多数，在圆筒形密封箱体中也是以三相共筒为主；部分高压元件已开始外置，如电压互感器通过电缆连接到密封箱体外部；在一次主接线方面已开始简化，线路侧的隔离开关、接地开关逐渐取消；充气压力一般在 0.07MPa 以下，密封箱体铜板厚度多在 6mm 及以下。技术进步主要表现在绝缘用 SF$_6$ 气体的压力大大降低，真空开断技术提高，固体的界面绝缘技术已在高压元件的插接上应用。

2000 年前后，C-GIS 的发展有了一个飞跃，新的技术、结构、工艺、装备进入推广使用阶段，引入计算机技术、传感技术。产品的技术参数、可靠性进一步得到提高，尺寸进一步小型化。采用新型的固体界面绝缘插接技术，并推广应用于各气室的连接、柜体间的连接，以及电压互感器、避雷器等高压元件的连接。有些产品使用了固体绝缘母线或充气母线室＋母线连接器，现场安装已开始不需要抽真空和充气。一次主接线得到了简化，新产品均取消了线路侧隔离开关，形成了真空开断＋低气压 SF$_6$ 气体绝缘＋薄板气箱＋激光焊接＋氮气检漏的设计和生产工艺路线，成为世界充气柜设计和生产发展的主流。

近十几年来，国内一些优秀的企业，也形成了与国外类似的设计和生产的主流技术路线，并已形成一定规模的产品设计和生产能力。通过逐渐采用混合气体绝缘，采用非 SF$_6$ 气体，例如纯氮气、干燥空气作绝缘介质的环保型充气柜，达到"安全可靠、运行灵活、维护简便、节能环保"的目标。目前，10～35kV 充气柜产品可以满足国内变电站应用的需要，并在上海、江苏、浙江、北京、天津、四川、重庆、湖北、湖南、山东等省（市）的变电站得到应用。特别是在城市轨道交通和地铁领域，基于其运行环境、可靠性和少维护要求，充气柜已成为牵引供电和变电供电的常规选择；同时充气柜在新能源、石化、钢铁以及沿海、高海拔地区等也得到应用。

4.4.2 气体绝缘开关柜的结构

C-GIS 一般以真空断路器为主开关，将真空断路器、三工位隔离开关等高压带电体完全封闭在 3mm 不锈钢板激光焊接的气箱内，与外界隔绝，其防护等级达到 IP65，每个气室设避雷器和电压互感器。进出线电缆终端与密封气箱内高电压元件的连接采用插拔式、全屏蔽全绝缘的连接方式。这种开关柜的操动机构、控制和保护单元、气室外的二次回路、电缆室、泄压通道等仍置于大气中，便于监视和维护。每台开关柜均为独立的气箱，每个气箱配置有独立的充气口、带温度补偿密度表、泄压装置等，当气体密度发生变化时，现场巡检人员及远方控制台均可以及时发现。柜与柜间采用专用的母线连接器连接，在用户现场无需充放气，现场安装简单、快捷。C-GIS 典型结构如图 4-10 所示。

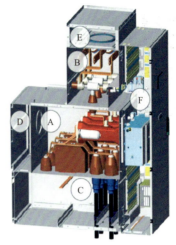

图 4-10　C-GIS 典型结构

A—断路器气室；B—母线气室；C—电缆室；
D—断路器压力释放通道；E—母线室压力
释放通道；F—低压控制室

1. VEG 型固封极柱断路器

气体绝缘开关柜中使用的断路器要求结构紧凑、电寿命长、可靠性高，带电部分免维护，综合考虑多方面要求的断路器目前都选择采用固定式固封极柱环氧浇注的真空断路器，并采用模块化设计，真空灭弧室组装在绝缘筒内，方便与隔离开关的组合布置，如图 4-11 所示。

图 4-11　固封极柱

操动机构与极柱固定在一起，由密封门作为安装的基础，完成与气室的静密封配合，操动机构位于气箱外面，通过波纹管组件实现真空灭弧室分合闸运动的传递和动密封。操动机构采用弹簧储能型，与 VD4、VS1 型真空断路器操作机构的设计原理类似，在相间距、拐臂的输出形式、分合闸结构等方面做了紧凑结构调整和优化，合理布局、简单可靠，便于维修、调整和维护。

断路器与三工位开关配合实现线路侧接地功能，具有以下优势：通过真空断路器合接地短路，比传统接地开关有更优异的关合能力，对故障电流可进行更多次数的操作，电弧限制在真空灭弧室内，不会导致绝缘气体劣化。

图 4-12　直动式三工位开关

2. 三工位开关

气体绝缘开关柜中隔离开关、接地开关组合在一起，一般采用直动式三工位开关，通过绝缘丝杆转动带动导电筒直线运动，实现合闸、隔离、接地三个位置的转换，如图 4-12 所示。

这种三工位开关不同于以往摆刀式隔离开关，采用直动式的结构，保证了气箱内电场较均匀的分布，也有利于大电流柜的设计以及三工位开关分、合及接地的稳定性，便于充气柜内采用少 SF_6 的混合气体或 N_2 气体绝缘。

此种三工位开关具有机械和电气连锁，保证其只有在断路器分闸状态下才能进行操作，并防止各种误操作；操动机构在气室外，可手动可电动操作，操动机构上具有机械位置指示器。三工位开关可根据用户要求取消或闭锁接地开关。

3. 其他主要元器件

（1）电流互感器。气体绝缘开关柜的电流互感器（见图 4-13）主要以电缆套管式、电缆穿芯式和支柱式几种方式为主，满足 0.2、0.5、5P、X 级等不同精度和电流变比等级要求。电缆套管式和穿心式安装于气箱外部，便于现场检测和参数变更。支柱式电流互感器内置于气箱内部，用于分段隔离方案或小电流的用户方案。零序电流互感器则一般需要安装在柜底的电缆夹层内。

（a）　　　　　　　　　　　（b）　　　　　　　　　　（c）

图 4-13　气体绝缘开关柜的电流互感器
（a）电缆套管式；（b）电缆穿心式；（c）支柱式

（2）电压互感器。气体绝缘开关柜的电压互感器如图 4-14 所示，采用封闭插拔式结构，所有高压电场限制在固体绝缘介质中，外壳为接地可触摸；安装于气箱的插孔上，插拔连接，便于维护更换；满足 0.2、0.5、3P 等不同电压变比和精度等要求；一次熔丝内置保护，更适合中国电网运行方式。根据功能要求，其安装于独立的母线设备柜，也可以安装在线路侧或母线侧。

（3）避雷器。气体绝缘开关柜的避雷器如图 4-15 所示，采用插拔式金属外壳结构，外壳安全接地可触摸；安装于气箱的标准插孔上，插拔式结构便于维护、更换，可以接放电计数器和在线泄漏电流监测器。根据功能要求，可以安装在线路侧或母线侧，也可以安装于独立的母线设备柜。

图 4-14　气体绝缘开关柜的电压互感器　　　　图 4-15　气体绝缘开关柜的避雷器

（4）密度表。气体绝缘开关柜每个气室都有独立的密度表（见图 4-16），带温度补偿功能可以实时监测气箱内气体压力，可根据具体要求带有高、低压力接点输出。

（5）带电显示器。如图 4-17 所示，气体绝缘开关柜根据气箱内电容传感器匹配显示装置实时监测电缆侧和母线侧的带电情况，可带电压接点输出，实现电气闭锁；同时配备专门的插孔，可实现核相。

图 4-16　密度表　　　　　　　　图 4-17　带电显示器

（6）一次连接接口。气体绝缘开关柜可以连接电缆或绝缘母线，包含肘形电缆头和直插型电缆头及绝缘母线，对应气箱上一般采用欧标的外锥或内锥电缆接口，如图 4-18 所示。

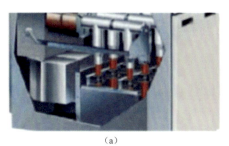
（a）

（b）

图 4-18　电缆头

（a）外锥电缆接口；（b）内锥电缆接口

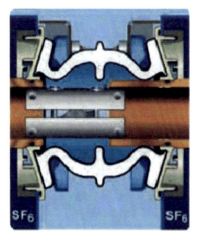

图 4-19　柜间母线连接器

通过绝缘母线的转接可以与常规的空气式母线桥接连接或与绝缘铜管母连接。其中无论电缆还是绝缘母线，所有连接头都通过界面绝缘将高压电场封闭在固体的绝缘介质中，安全可靠。进出线的方式可以根据需要实现下进线或上进线。

（7）母线连接。柜体之间的母线连接可采用母线连接器，母线连接器（见图 4-19）需要进行独特的设计，便于设备的安装和维护，同时根据电压电流等级分成不同的规格。

4.4.3　小型化开关柜的发展趋势

站内开关柜可采用预制舱式开关柜集成技术，按母线段为功能单元，将其上的全部开关柜和智能单元一体化设计、安装集成在预制舱内，实现站内开关柜的整体预制。

小型化开关柜利用真空度在线监测、绝缘状态检测等技术实现开关柜智能化。目前工程中仍采用 SF_6 气体柜，应加快推进利用氮气、空气等环保气体替代 SF_6 气体的开关柜研制，采用低气压力实现环境友好目标。远期将应用固态开关解决电网故障的快速隔离问题，实现高速频繁开断、精确控制。

4.5　电子式互感器

《IEC 60044-8 电子式电流互感器标准》对电子式互感器的定义为：电子式互感器

是一种装置，由连接到传输系统和二次转换器的一个或多个电流或电压传感器组成，用以传输正比于被测量的量，供给测量仪器、仪表和继电保护或控制装置。在数字接口的情况下，一组电子式互感器共用一台合并单元完成此功能。作为智能变电站的核心设备，电子式互感器与电磁式互感器相比具有体积小、质量轻、频带宽、无铁磁饱和等明显的技术优势。

电子式互感器与一次开关设备组合安装以及电流电压组合型电子式互感器的应用，有效提高了设备集成度及可靠性，减少建设用地。因此，基于光学和电子学原理的电子式互感器经过 30 多年的发展，成为最有发展前途的超高压系统电压、电流的测量设备。

电子式互感器按所在的间隔分组连接到相应的合并通信单元，形成多个合并通信子系统，各个通信子系统分别与统一网络相连接，这样，电子式互感器则成为变电站所有二次设备的公共信息源，这些信息可被用于计量、保护、录波、统计分析、生产调度以及一次电器的智能化等不同目的，这就是电子式互感器在智能变电站上的地位和作用。电子式互感器在电站测控网中的位置如图 4-20 所示。

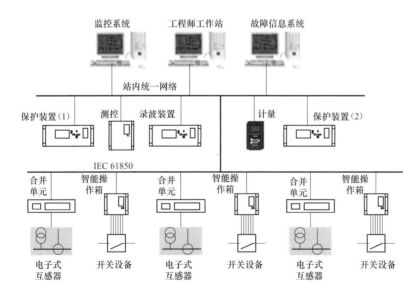

图 4-20 电子式互感器在电站测控网中的位置

和传统的电磁式互感器相比，电子式互感器具有如下优点。

（1）绝缘性能优良，造价低。绝缘结构简单，随电压等级的升高，其造价优势越

加明显；传感器装在高压侧的独立支柱式或悬挂式 ECT，由光纤传输系统承担高低压间的绝缘隔离，这是与传统互感器截然不同的技术革命，这种绝缘方式使得电流互感器不再被高压、特高压绝缘难题所困扰。在气体绝缘的组合电器上（如 GIS、HGIS、PASS、断路器等）配用互感器，传感器仍可装在低压侧，依靠一次电器本体原有的绝缘系统绝缘隔离；EVT 则由一次传感器本身承担绝缘，依靠光纤传输系统彻底实现一、二次设备间的电气隔离。

（2）在不含铁芯的电子式互感器中，消除了磁饱和、铁磁谐振等问题。

（3）电子式互感器的高压侧与低压侧之间只存在光纤联系，抗电磁干扰性能好。

（4）电子式互感器低压侧输出为弱电信号，不存在传统互感器在低压侧会产生的危险，如电磁式电流互感器在低压侧开路会产生高压的危险。

（5）动态范围大、测量精度高。电磁感应式电流互感器存在磁饱和问题，难以实现大范围测量、同时满足高精度计量和继电保护的需要。而电子式电流互感器有很宽的动态范围，额定电流可测到几十安培至几千安培，过电流范围可达几万安培。

（6）频率响应范围宽。电子式电流互感器已被证实可以测出高压电力线上的谐波，还可进行暂态电流、高频大电流与直流电流的测量。

（7）电子式互感器一般不采用油绝缘解决绝缘问题，避免了易燃、易爆等危险。

（8）体积小、质量轻。电子式互感器传感头本身的质量一般比较小。据前美国西屋公司公布的 345kV 光学电流互感器（OCT），其高度为 2.7m，质量为 109kg，而同电压等级的充油电磁式电流互感器高为 6.1m，重达 7718kg。这给运输与安装带来了很大的方便，同时也大大节约了占地面积。

（9）可以和计算机连接，实现多功能、智能化的要求，适应了电力系统大容量、高电压，现代电网小型化、紧凑化和计量与输配电系统数字化、微机化和自动化发展的潮流。

因此，电子式互感器更能顺应智能电网的发展，特别是随着智能变电站的建设，电子式互感器在工程应用上的实践已显得尤其重要。

4.5.1　电子式互感器的结构

电子式互感器的通用结构框图如图 4-21 所示。采用不同技术时，图中列出的部件可能会有取舍。

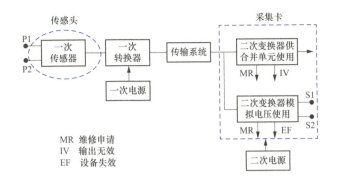

图 4-21 电子式互感器的通用结构框图

（1）一次传感器。可以是电气、电子、光学或其他装置，它产生与一次系统电压/电流呈比例的信号，直接或经过一次转换器传送给二次电路。

（2）一次转换器。将来自一个或多个一次传感器的信号转换成适合于传输系统的信号。

（3）一次电源。一次转换器和一次传感器的电源，可以与二次电源合并。

（4）传输系统。用于在一次部件和二次部件间传输信号的耦合装置。

（5）二次转换器。将来自传输系统的信号转换成正比于一次端子电压/电流的量，供给二次设备（如测量仪器、仪表和继电保护或控制装置）。对于模拟量输出型电子式互感器，二次转换器直接供给二次设备模拟量输入接口。对于数字量输出型电子式互感器，二次转换器通常接至合并单元后再接二次设备。

电子式互感器根据其高压部分（传感头）是否需要工作电源，可分为有源式和无源式两大类。电子式互感器分类如图 4-22 所示。

有源电子式电流互感器有低功率线圈（LPCT）和罗氏（Rogowski）线圈两种。其中，低功率线圈是传统电磁式电流互感器的发展，它包含高导磁率铁芯，因而，体积小、精度高，可带高阻抗，特别适用于提供测量信号。采用罗氏线圈作为电流传感器，解决了传统互感器铁芯饱和问题，频率响应好、线性度高、暂态特性灵敏，但其小信号准确度低。因此，通常采用低功率线圈与罗氏线圈组合使用的电子式电流互感器，稳态时 LPCT 提供测量用电流信号，暂态时罗氏线圈提供保护用电流信号。这样可使电流互感器具有较高的测量准确度、较大的动态范围及较好的暂态特性。

有源电子式电压互感器有电容分压、电阻分压、电感分压型及阻容分压等类型。

无源电子式电流互感器有磁光玻璃型和全光纤型两种。磁光玻璃型电流互感器原

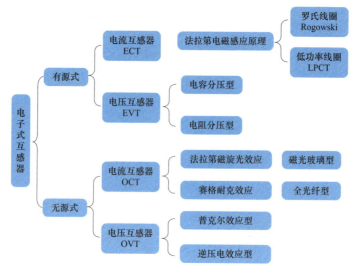

图 4-22　电子式互感器分类示意图

理上利用法拉第磁旋光效应，即线性偏振光通过放置在磁场中的法拉第材料后，偏振光的振动角度将发生正比磁场平行分量的偏转。全光纤型电流互感器原理上利用塞格奈克效应，即一个光路中两个对向传播光的光程差与其旋转速度有关且光程差只与光路轨道的几何参数有关，与轨道形状、旋转中心位置及折射率无关。

　　无源电子式电压互感器有基于普克尔（Pockels）效应型和逆压电效应型两种。无源电子式互感器结构如图 4-23 所示。

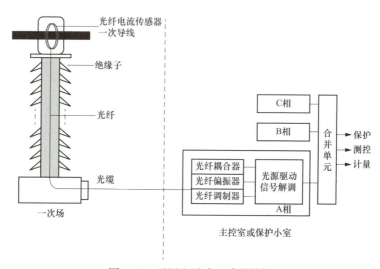

图 4-23　无源电子式互感器结构

电子式组合电流电压互感器将电流互感器和电压互感器组合为一体，实现对一次电流电压的同时测量。

4.5.2　电子式互感器的原理

（一）电子式电流互感器分类

1. 铁芯线圈式低功率电流互感器（LPCT）

铁芯线圈式低功率电流互感器（LPCT）是常规电磁式电流互感器的发展。其原理和等效电路分别如图 4-24 和图 4-25 所示。LPCT 至少应包括两个部分，即电流互感器和分流电阻 R_{sh}，其中电流互感器部分包括一次绕组 N_p、小铁芯和损耗极小的二次绕组。二次绕组后接分流电阻 R_{sh}，此电阻是铁芯线圈式低功率电流互感器的固有元件，对互感器的功能和稳定性非常重要。与常规电流互感器的 I/I 变换不同，LPCT 通过一个分流电阻 R_{sh} 将二次电流转换成电压输出，实现 I/U 变换，从而避免了传统电流互感器二次侧不能开路的弊端。

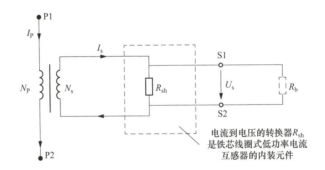

图 4-24　铁芯线圈式低功率电流互感器原理图

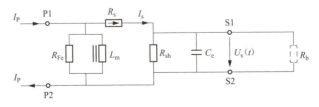

图 4-25　电压输出的铁芯线圈式低功率电流互感器等效电路

I_P——一次电流；R_{Fe}——等效铁损电阻；L_m——等效励磁电感；R_s——二次绕组和引线的总电阻；

R_{sh}——并联电阻（电流到电压的转换器）；C_e——电缆的等效电容；$U_s(t)$——二次电压；R_b——负荷；

P1、P2——一次端子；S1、S2——二次端子；I_s——二次绕组电流

结合光纤传输技术，将取样电阻 R_{sh} 得到的二次电压信号在高压侧通过数字采集、光电转换方式，由光纤传输至低压侧进行二次信号处理（如传输至合并单元），构成电磁式光电电流互感器，能充分发挥光纤抗电磁干扰和便于长距离传输的优点。同时，LPCT 选择小的二次电流 I_s 可以降低互感器功率和铁芯截面，使其在制造成本、体积和质量显著降低的同时，又能充分利用电力系统广泛接受传统电流互感器的优势，具有很强的实用性。但由于传感机理的限制，这种电流互感器仍存在着传统电流互感器难以克服的一些缺点，总体上仍未能摆脱传统电流互感器的束缚。

2. Rogowski 线圈式光电电流互感器

Rogowski 线圈测量电流的基本原理与传统的电磁式电流互感器一样，都是法拉第电磁感应原理。两者在结构上有所不同，Rogowski 线圈是均匀密绕于非磁性骨架上的空心螺绕环，又称为空心线圈或磁位计，测量原理如图 4-26 所示。

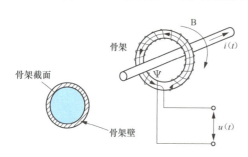

图 4-26　Rogowski 线圈电流互感器的测量原理

Rogowski 线圈是一种特殊结构的空心线圈，取样灵敏度相对较小。当一次电流在 100A 以下时，二次输出电压为微伏量级，要精确地测量这么小的电压比较困难，所以它更适合大电流的测量。由于 Rogowski 线圈式光电电流互感器的二次直接输出是与一次电流的微分成比例关系的电压信号，一般在其输出增加一个积分环节。

Rogowski 线圈式光电电流互感器基本消除了磁饱和现象，提高了电磁式电流互感器的动态响应范围，但仍存在以下四个关键问题。

（1）法拉第电磁感应原理和响应灵敏度小，导致其难以满足互感器高精度的测量标准要求。

（2）传感单元必然是有源方式，高压端需要供能电源，降低了系统的可靠性。

（3）不能传变直流分量，呈现带通频率特性，不能高保真地反映电网的动态过程。

（4）线圈结构的非理想性、温度和电磁干扰的影响都不可忽略。

这些关键问题使得 Rogowski 线圈式光电电流互感器只能是电子式电流互感器发展历程中的过渡产品。

通常，Rogowski 线圈还与电磁式光电电流互感器结合使用，扬长避短。如图 4-

27 所示为 Rogowski 线圈电流互感器（RCT）和 LPCT 结合使用的电子式电流互感器，其原理框图如图 4-28 所示，由低功率铁芯线圈、罗氏线圈、高压侧调制电路（又称为采集器或远端模块）、高压侧供电电源、复合绝缘子与光纤传输系统等组成。基本原理是：以罗氏线圈为保护通道传感单元，低功率铁芯线圈为测量通道传感单元。调制电路将高压侧含有被测电流信息的电压信号转换成数字信号，并将测量和保护通道的信号复合成一路数字信号后，再变换成光信号，驱动 LED，通过信号传输光纤以光脉冲的形式传输至低压侧的合并单元。高压侧的供能方法一般是采取复合供能的方式：一次被测电流较大时，采用高压侧辅助 TA 给高压侧的调制电路供电；一次电流较小时，TA 供能切换成激光供能，即低压侧的半导体激光器通过供能光纤给高压侧的调制电路供电。

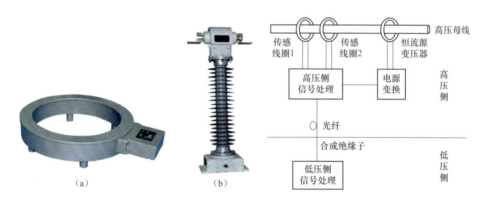

图 4-27　（LPCT＋RCT）电子式电流互感器　图 4-28　有源电子式电流互感器原理框图
（a）套管式 ECT；（b）独立支柱式 ECT

3. 光学电流互感器（无源式）

按传感原理的不同，光学电流互感器又可以分为以下几大类：①利用电热效应测量的光学电流互感器；②利用磁流体热透镜耦合光磁效应测量的光学电流互感器；③利用铁氧体磁畴效应测量的光学电流互感器；④利用法拉第磁光效应测量的光学电流互感器。其中，前三种光学电流互感器的研究主要还处于实验室研究阶段。因此，本书仅针对基于法拉第磁光效应的光学电流互感器进行详细介绍。

如图 4-29 所示，基于法拉第磁光效应的光学电流互感器测量原理是对被测电流 i 周围磁场强度的线积分，即线偏振光在磁场 H 的作用下通过磁光材料时，其偏振面旋转了 φ 角度，可以用下式描述

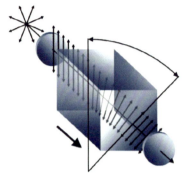

$$\varphi = V \int \vec{H} d\vec{l} = VKi \qquad (4-1)$$

式中：V 为磁光材料的菲尔德常数；l 为通光路径长度；K 为磁场积分与被测电流的倍数关系。

与传统电磁式互感器相比，光学电流互感器具有绝缘强度高、动态范围大、频带宽、抗干扰能力强、不会产生磁饱和以及铁磁谐振、体积小、质量轻、造价低等一系列优点。它具有与电流大小和波形无关的线性化动态响应能力，测量精度高，不仅

图 4-29　法拉第磁光效应的原理图

可以测量各种交流谐波，而且可以测量直流量。

利用光学电流互感器动态范围大的特点可实现保护和测量数据共享，减少互感器的使用量；利用其无磁饱和、频带宽的优势可改善传统保护的性能及实现新的继电保护和控制原理，如降低传统保护的裕度系数、实现暂态保护等，并且可以促进保护和 SCADA 功能的集成，改进数据的可利用性；同时，其极快的响应速度加上宽的频带可抓住故障时瞬变过程的波形，实现较理想的故障录波，为实时故障诊断及事故后故障分析提供极好的依据；而其良好的抗干扰能力、卓越的电绝缘性能使得原来必须集中组屏的高压线路保护、变压器保护等可实现分布式控制，安装于高压线附近，并利用光纤局域网通信技术将分散于各开关柜的保护和 SCADA 集成功能模块联系起来，构成一个全分布式的综合自动化系统。在一个组件上可以集成多个测量模块，该互感器组件可在整个有关的动态范围内以高分辨率、高精度和良好的线性度来满足电力系统监控、测量和保护以及计量工作的要求。由于法拉第磁光效应光学电流互感器潜在的优势，在过去的很长时间里，一直是新型电流互感器的主要研究热点。

按传感头的结构不同，基于法拉第磁光效应的光学电流互感器可分为两大类——全光纤光学电流互感器和块状玻璃光学电流互感器。

（1）全光纤光学电流互感器。它是将传感光纤缠绕在被测通电导体周围，利用光纤的偏振特性，通过测量光纤中的法拉第旋转角间接测量电流，如图 4-30 所示。

全光纤光学电流互感器，传光与传感部分都用光纤，又称为功能型光学电流互感器。这种光学电流互感器结构简单、自重轻、形状随意、测量灵敏度可按光纤长度调节；但是，由于光纤内部存在比较严重的线性双折射，从而影响测量精度和长期稳定性。其研究主要集中在如何克服线性双折射的影响，但效果有限。

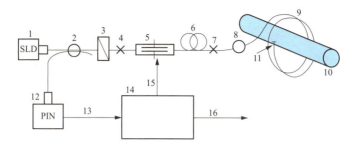

图 4-30　全光纤光学电流互感器的结构示意图

1—光源；2—光纤耦合器；3—起偏器；4—45°熔接点；5—调相器；6—延迟光纤；7—45°熔接点；

8—1/4 波片；9—传感光纤；10—导体；11—反射镜；12—光电探测器；13—电压信号；

14—信号处理器；15—调相控制输出；16—测量数据

全光纤光学电流互感器采用特殊光纤作为传感元件，而这种传感光纤主要依赖进口，我国开展这方面的研究工作较少。

（2）块状玻璃光学电流互感器。是指传光采用光纤、传感采用块状磁光玻璃的电流互感器，其结构如图4-31 所示。根据玻璃加工的结构形式，块状玻璃光学电流互感器又可分为闭合式光学电流互感器和直通光路式光学电流互感器。

块状玻璃光学电流互感器的传感元件一般采用温度系数小的重火石玻璃 ZF7、ZF6 等逆磁材料。为了提高测量灵敏度，也有采用顺磁材料 MR3 等。但不管逆磁材料玻璃，还是顺磁材料玻璃，其制造和加工工艺都比较成熟，所以对块状玻璃光学电流互感器的研究比较多，也相对成熟，特别是在国内。

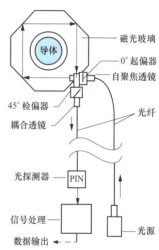

图 4-31　块状玻璃光学电流
互感器结构示意图

（二）电子式电压互感器

具有实用化前景的电子式电压互感器，在结构上基本都包括三个组成部分：电压传感部分、信号传输部分和信号处理部分。信号传输的光纤化和信息处理的电子化是所有新型互感器的共性，传感原理的不同，导致了新型电压互感器本质的不同。

依据电压传感环节和传感原理的不同，新型电压互感器主要分为两种类型：采用分压原理的电子式电压互感器（Electronic Voltage Transformer，EVT）和基于光学效应原理的光学电压互感器（Optical Voltage Transformer，OVT）。

1. 基于分压原理的电子式电压互感器

电子式电压互感器依分压元件不同，主要分为电阻分压、电容分压和阻容分压等实现形式。电阻分压多用于10kV和35kV电压互感器，电容分压主要用于中高压电压互感器。目前，还出现了一种串联感应分压的应用。

电子式电压互感器的传感头就是由电阻/电容构成的分压器，原理如图4-32所示。被测电压信号由分压器从电网取出，其工作原理与CVT的电容分压器相似，不同的是其额定容量在毫瓦级（为一次侧电子电路供能），输出电压一般不超过±5V。因此，R_1（或 Z_{C1}）应达到数百兆欧以上，而 R_2（或 Z_{C2}）在数十千欧数量级。为使分压比 K 接近 $K_0 = R_2/(R_1 + R_2)$ 或 $C_1/(C_1 + C_2)$，要求负载阻抗 $Z \gg R_2$（或 Z_{C2}）。同时分压所用电阻和电容在 $-40 \sim +80℃$ 的环境温度中应阻值稳定，并有避免外界电磁干扰措施。

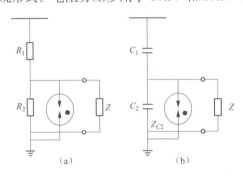

图4-32　电阻/电容分压型电子式电压互感器原理图
(a) 电阻分压；(b) 电容分压型

电子式电压互感器解决了铁磁谐振问题和磁饱和问题，提高了常规电压互感器的动态响应能力，但存在以下几个关键问题。

1) 高压传感头必然是有源方式。

2) 温度和电磁干扰的影响不能忽略。

3) 受杂散电容的影响，测量精度难以保证。

此外，电阻分压型电子式电压互感器因受电阻功率和准确度的限制，在超高压交流电网中难以实际使用；电容分压型电子式电压互感器在一次传感结构和电磁屏蔽方面需要完善，并且存在线路带滞留电荷重合闸引起的暂态问题，故其应用尚需要积累工程经验；采用串联感应分压器的电子式电压互感器，其仍然使用了铁芯构成感性器件，存在铁磁谐振的潜在威胁。图4-33为基于分压原理的罐式EVT，图4-34为基于分压原理的独立支柱式EVT。

2. 光学电压互感器

按传感原理的不同，光学电压互感器又可分为以下四类。

1）利用 Kerr 效应测量的光学电压互感器。

2）利用逆压电效应测量的光学电压互感器。

3）利用 Pockels 效应测量的面调制型光学电压互感器（即集成光学电压互感器）。

4）利用 Pockels 效应测量的体调制型光学电压互感器。

图 4-33 基于分压原理的罐式 EVT

目前，前三种光学电压互感器的研究主要处于实验室研究阶段，具有实用化前景的光学电压互感器主要是基于 Pockels 电光效应的体调制型光学电压互感器。

图 4-34 基于分压原理的独立支柱式 EVT

基于 Pockels 效应的体调制型光学电压互感器的测量原理是利用线偏振光在电场 E 作用下通过电光材料时，其双折射两光波之间的相位差 δ 来反映被测电压 U 的大小，可以用下式描述

$$\delta = \alpha E = k\alpha U \tag{4-2}$$

式中：α 为与晶体材料的电光特性、通光波长和通光长度有关的常数；k 为与外加电压方向有关的系数；E 为外加电场；U 为引起外加电场的外加电压。

光学电压互感器的电压敏感材料主要从无对称中心的各向同性晶体和单轴晶体中选择。有多种电光晶体曾被用作光学电压互感器的敏感材料，但是实际上能满足应用要求的为数甚少。从晶体点群结构方面考虑，立方晶系 $\overline{4}3m$ 点群无自然双折射、无旋光性、无热释电性，是理想的电场（电压）传感晶类；从晶体材料性能方面考虑，立方晶系 $\overline{4}3m$ 点群中的 BGO（$Bi_4Ge_3O_{12}$）晶体无光弹效应，压电常数几乎为零，具有宽广的透光区和良好的光透过率，半波电压高、稳定性好，是一种理想的电场（电压）传感材料，也是目前光学电压互感器中用得最多的一种电光晶体。因此，本书所述光学电压互感器是指采用 BGO 晶体作为电压敏感材料的光学电压互感器，其分析结果也适用于采用立方晶系 $\overline{4}3m$ 点群其他电光晶体的光学电压互感器。

光学电压互感器的光路传感系统主要由起偏器、$\lambda/4$ 波片、BGO 晶体、检偏器和准直透镜等光学元件构成，如图 4-35 所示为横向调制光学电压互感器原理示意图。

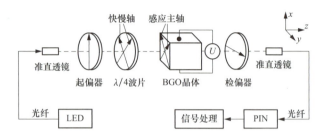

图 4-35　横边调制光学电压互感器原理示意图

若外加电压 U 作用于 BGO 晶体的<110>方向，且光沿晶体的<110>方向通过，则通过晶体的偏振光产生双折射。由 Pockels 效应引起双折射两光束的相位差 δ 可表示为

$$\delta = \frac{2\pi}{\lambda} n_0^3 \gamma_{41} l E = \frac{2\pi}{\lambda} n_0^3 \gamma_{41} \frac{l}{d} U = \frac{\pi}{U_\pi} U \qquad (4\text{-}3)$$

式中：n_0 为 BGO 晶体的折射率；γ_{41} 为 BGO 晶体的线性电光系数；λ 为光的波长；E 为外加电压 U 产生的电场；l 为光通过的晶体长度；d 为外加电压方向的晶体厚度；U_π 为晶体的半波电压且 $U_\pi = \lambda d / 2 n_0^3 \gamma_{41} l$。

由式（4-3）可知，只要测出相位差 δ，即可精确测出外加电压 U 的大小，这就是基于 Poclels 效应电压测量的原理。

在现有技术条件下，要对光的相位差进行精确测量是相当困难的，故采用偏振光干涉法进行间接测量。对此采用如图 4-35 所示的结构装置，利用构成光学电压传感器的基本准则，确定各光学元件之间的轴向关系，使双折射光束产生干涉，并获得检偏器的输出光强 I_0 为

$$I_0 = I_i \sin^2\left(\frac{\pi}{4} + \frac{\delta}{2}\right) = \frac{1}{2} I_i (1 + \sin\delta) = \frac{1}{2} I_i \left(1 + \delta - \frac{\delta^3}{3!} + \frac{\delta^5}{3!} - \cdots\right) \quad (4\text{-}4)$$

式中：I_i 为入射光经起偏器后的光强。

若 $U = U_m \sin\omega t$，且 $U_m \ll U_\pi$，即 $\delta \ll 1$，则式（4-4）在一级近似情况下，可得线性响应为

$$I_0 = \frac{1}{2} I_i (1 + \delta) = \frac{1}{2} I_i \left[1 + \frac{\pi}{U_\pi} U_m \sin(\omega t)\right] \qquad (4\text{-}5)$$

这里在一级近似过程中引入了误差，其相对误差为

$$R = \left|\frac{\delta - \sin\delta}{\delta}\right| < \frac{\delta^3}{6} = \frac{1}{6}\left(\frac{\pi U}{U_\pi}\right)^3 \qquad (4\text{-}6)$$

由式（4-5）可知，光输出强度的变化正比于外加电压，利用出射光强与电压的关系，就可获得被测电压。由式（4-6）可知，光学电压互感器的准确度与被测电压的大小有关，若要达到所要求的准确度必须限定晶体承受电压的范围。

综上所述，利用 Pockels 效应和偏光干涉原理构成的系统可获得强度受外加电压调制的光，光输出强度的变化与外加电压成正比，只要通过光电变换和信号处理就能测量被测电压，这是光学电压传感的基本原理。

4.5.3　电子式互感器的发展趋势

近三十年来，电子式互感器在我国的发展应用几经波折，但同时也积累了丰富的经验和技术。总体上可以概括为以下几个方面：长期运行稳定性问题、入网管理及运维问题、标准滞后问题、电磁兼容问题、互感器状态监测、电子式互感器设计问题。电子式互感器未来研制方向应针对这些问题加以解决。

1. 长期运行稳定性问题

电子式互感器中采用了光学器件、电子器件等相对易耗元件。此外，在长期运行过程中，由于光学器件的特性及传感单元中部分元件的性能劣化会引起测量误差。目前电子式互感器的运行年限还较短，缺乏运行寿命方面的统计数据，对于电子式互感器的长期可靠性问题必须引起高度关注。

（1）技术成熟度方面。电子式互感器技术、方案、材料、制造工艺尚处在不断改进、完善过程之中。激光供电型电子式电流互感器高压侧电子电路较为复杂且受供能影响。磁光电流互感器存在光学传感头加工困难、测量受光功率波动的影响、小电流测量时的信噪比较低、易受环境温度影响等问题。全光纤电流互感器存在光纤器件的非理想偏振特性问题、Verdet 常数的补偿问题和小电流测量时的信噪比较低等问题。电子式电压互感器较电流互感器的成熟度更低，电容分压型的电子式电压互感器易受外界空间杂散电容对电压分压比的影响。光学电压互感器整体方案还需深入研究，与光学电流互感器一样易受外界环境因素的影响。

（2）设备稳定性方面。实际运行中，电子式互感器故障率偏高，易受外部干扰出现数据异常。电子式互感器处于户外环境的高压线、隔离开关、断路器等强干扰源附近，须经受恶劣气候和不规则强电磁干扰的考验。有源电子式互感器在高压侧含有电子电路，且需要电源支持才能正常工作，但是由于目前的电子式互感器所用电子元器件的电磁兼容标准偏低，抗干扰能力普遍偏低。因光学器件对温度、震动敏感导致无

源电子式互感器的稳定性受温度、震动的影响。

（3）运行效果方面。国外生产的电子式互感器中，无源电子式电压互感器运行情况较为稳定，有源电子式电流互感器中远端模块出现故障的概率最大。国内全光纤电流互感器较易出现敏感环损坏的情况。

2. 入网管理及运维问题

（1）入网管理方面，试验项目和方法不完善，检验项目针对性不强。检测能力不足，检测能力和手段无法对电子式互感器的全面性能进行有效检验。交接验收缺乏统一规范，主要沿用传统互感器的交接标准，导致入网管理不到位。

（2）运维管理方面，电子式互感器运行设备少、时间短，目前尚无相关规程规定指导设备状态特征量获取、设备评价、维护和检修工作。在出现缺陷和异常时，运行人员无法对故障原因和运行风险进行分析判断，只能依靠厂家的技术支持或采取保守运维策略。运行单位专用校验设备配置不足且缺乏管理规范，给现场互感器与合并单元联调及定期校验带来困难。

3. 标准滞后问题

运行实践与标准规范方面，电子式互感器制造、验收、检修、运行管理等规程规定缺少或尚需完善，行波故障测距装置需要专门配置能提供快速采样值的采集器和合并单元，电子式互感器用于电能计量尚未得到国家有关部门的认证。

4. 电磁兼容问题

电子式互感器在型式试验中按 IEC 颁布的标准要求进行了较完整和严格的电磁兼容（EMC）试验，但是含有电子元器件的电子式互感器在运行情况下直接接入高压回路或内置于一次主设备中，其运行环境的电磁干扰信号远超通用的电磁兼容试验标准，特别是在某些电磁暂态过程中，高频的电磁波引起的高能量、高频率大电流和地电位升高等问题将严重影响电子式互感器中电子元件的正常工作，可能造成其误报、死机甚至器件损坏，从而影响变电站安全运行。尤其是从安装方式上来讲，GIS 型和套管型电子式互感器的体积和质量比常规互感器小很多，因而日益受到欢迎，其安装位置更加接近隔离开关等操作元件，长时间、近距离运行在更加恶劣的电磁环境中，其抗电磁干扰能力必须受到特别关注。

5. 互感器的状态监测

相对于传统互感器近一个世纪的运行实践经验而言，电子式高压电力互感器还只是一个新生事物，在其可靠性分析、使用寿命预计、连续运行数据分析以及电磁兼容等方面，有待深入地开展工作。因而，在试运行乃至正式运行过程中，对高压互感器尤其是高压电流互感器的工作状态进行监测，在系统失效前提出警告，实时预告系统的故障，能够在积累宝贵经验的同时，大大提高系统的可靠性，但目前电子式互感器的状态监测技术尚不成熟。

6. 电子式互感器设计问题

（1）传感器的结构设计与输出信号特性有待进一步研究。传感器需要解决测量的稳态精度、暂态精度以及稳定性问题，它们是电子式互感器进入实用化的根本。混合型电子式互感器是由多个环节构成的测量系统，因此系统误差处理是涉及每个环节的综合问题。目前，人们从传感器的原理和工艺、电子电路的误差分析、传输线路的抗干扰等方面，对系统误差补偿做了不同程度分析和研究。随着电子式互感器各实用化问题研究的深入，系统的误差补偿研究也将不断深入。

（2）高压侧电源供给有待认真考虑。高压侧电源是应用于高电压等级的混合型电子式电流互感器正常工作的保证。它的设计要求是：①满足高压侧电路的功率需求；②必须无间断地长时间稳定工作；③不能破坏高、低压之间的绝缘。在研究过程中，人们曾经提出多种供能方案，现在通常采用方案为：取电 TA 供能、激光供能、蓄电池供能等。取电 TA 供能，输出功率大，但有工作死区；激光电源无工作死区，可靠性高，但是输出功率小（一般在 200mW 左右），成本高；蓄电池存在寿命问题，只用作后备电源。

（3）数据处理与接口数字化。信号处理与接口数字化是电子式互感器进入实用化的要求，与二次设备的连接和产品的校验，都要以数字化接口为前提。近年来，IEC 陆续推出相关标准，为数字化接口设计指出了明确的方向，其中基于以太网的数字接口成为标准化接口的发展主流。国内关于信号处理与接口数字化的研究刚刚开始，目前工作主要围绕 IEC 标准的分析、信号处理和接口的软硬件实现等几方面展开。

（4）高压侧电路的低功耗设计。现阶段，位于高电位侧电子电路的低功耗设计也是解决高压电流互感器中高压侧电源问题的主要方法，随着电子技术的飞速发展，越来越多的低功耗、高性能集成芯片涌现，为极低功耗数据采集电路的实现建立了基础。

第 5 章

新一代智能变电站二次系统

自 20 世纪 80 年代开始，经过 30 多年发展，变电站的二次系统发生了巨大变化。与常规变电站相比，智能变电站的最大变化在于二次系统，信息数字化是智能变电站二次系统的最大特点，主要体现在二次系统的体系结构、数据采集方式、数据传输方式、电流回路、电压回路、站内通信规约等方面都发生了根本的变化。这些变化使得常规变电站的二次系统设计模式已经不能满足智能变电站二次系统的设计要求。智能变电站结构紧凑、自动化水平高、安全可靠性强，基本实现了一、二次设备的智能化、运行管理的自动化，更深层次体现出坚强智能电网的信息化、自动化和互动化的技术特点。

目前智能变电站在应用过程中发现在信息共享、设备间互操作、系统扩展等方面仍有进一步发展空间。国家电网公司 2012 年提出构建以"集成智能化设备＋一体化业务系统"应用为特征的新一代智能变电站。新一代智能变电站通过整合系统功能，优化结构布局，采用"一体化设备、一体化网络、一体化系统"技术构架，有效提升了变电站智能水平。本章重点围绕集成智能化设备和一体化业务系统对新一代智能变电站二次系统进行阐述。

5.1　新一代智能变电站二次系统概述

5.1.1　变电站二次系统的发展历程

变电站二次系统的发展主要经过以下三个阶段。

第一阶段：传统的变电站运行方式。20 世纪 80 年代早期，变电站的保护设备还是以晶体管、集成电路为主。变电站二次设备均按传统方式布置，控制屏实现站内监控，保护屏实现电力设备保护，远动设备实现实时数据采集。它们各司其职、互不相连。

第二阶段：远程终端控制系统（Remote Terminal Unit，RTU）及综合自动化方式。

（1）远动终端 RTU 方式。20 世纪 80 年代中后期，随着微处理器和通信技术的发展，利用微型机构成的远动装置功能和性能有很大提高，该方式在原常规有人值班变电站的基础上，在 RTU 中增加了遥控、遥调功能，站内仍保留传统的控制屏、指示仪表、光字牌等设备。所有信号由 RTU 集中采集,遥控、遥调指令通过 RTU 装置硬接点输出,由控制电缆引入控制回路,与数字保护不能交换信息,保护动作信号仍需通过继电器接点采集。采用这种方式使二次设备增加,二次回路更复杂,它适用于已建变电站的自动化改造。

(2)综合自动化方式。20 世纪 90 年代数字保护技术(即微机保护)进入集中式自动化系统阶段,其特点是结构紧凑、体积小、造价低,使变电站自动化取得实质性的进展。集中式变电站自动化系统是在变电站控制室内设置计算机系统作为变电站自动化的心脏,另设置一数据采集和控制部件用以采集数据和发出控制命令。微机保护柜除保护部件外,每个柜有一个管理单元,其串行口和变电站自动化系统的数据采集和控制部件相连,传送保护装置的各种信息和参数,整定和显示保护定值,投/停保护装置。由于集中式结构存在软件复杂、系统调试麻烦、精度低、维护工作量大、易受干扰、扩容灵活性差等不足。各类分散式变电站自动化系统纷纷研制成功和投入运行,数字保护技术进入分散式自动化系统阶段。分散式系统的特点是各现场输入、输出单元部件分别安装在中低压开关柜或高压一次设备附近,现场单元部件可以是保护和监控功能的二合一装置,用以处理各开关单元的继电保护和监控功能,也可以是现场的微机保护和监控部件分别保持其独立单元部件进行通信联系。

第三阶段:进入 21 世纪,随着智能变电站的发展,由于智能化开关、电子式互感器、一次设备在线监测技术的逐步推广应用,变电站信息全数字化已成为现实。在逻辑结构上将智能变电站划分为"三层两网"结构,"三层"指过程层、间隔层、站控层;"两网"指过程层网络、站控层网络。全站采用电子式电流电压互感器并以光缆代替电缆,在二次系统中增加智能终端,使一次设备具有智能化操作特性。采用 IEC 61850 标准规约进行通信,实现了过程层的数字化,二次设备间实现了信息互通和共享。

2012 年国家电网公司提出研究新一代智能变电站,以解决电网发展现实的迫切要求。随着智能式设备的采用,变电站大部分间隔层设备和功能逐步融入智能化设备本体,过程层与间隔层有效集成形成的就地层,形成了"两层一网"二次系统结构,即就地层、站控层和一体化网络。由于目前一次设备正处于"一次设备智能化"向"智能化一次设备"转变的过渡阶段,智能化一次设备研发不彻底,在实际应用之前,大多考虑结合多功能二次装置的应用,采用"三层一网"结构,即过程层、间隔层、站控层和一体化网络。

5.1.2 现有智能变电站的二次系统结构

《110kV～220kV智能变电站设计技术规定》中规定，变电站采用分层分布式、开放式网络结构，逻辑上由过程层、间隔层、站控层以及网络设备构成（即"三层"）。过程层由合并单元、智能终端等构成，直接和一次设备的传感器信号、状态信号接口等相接，通过合并单元、智能终端完成与一次设备属性和工作状态的数字化，包括实时运行电气量的采集、设备运行状态的监测、控制命令的执行等。过程层设备通过过程层网络与间隔层设备连接。间隔层由保护、测控、计量、录波、网络记录分析等若干个二次子系统组成，实现保护和监控功能，在站控层及网络没有作用的时候，还可以独立实现间隔层设备的就地监控功能。间隔层设备可以集中组屏，也可以就地下放。站控层设备由远动通信装置、主机兼操作员工作站、状态监测及智能辅助控制系统后台主机、网络打印机等设备组成，实现管理控制间隔层、过程层设备等功能，形成全站监控、管理中心、并与远方监控/调度中心通信。

现有智能变电站信息采集改变了以往常规变电站信息采集和功能应用各自独立的模式，在功能上体现间隔功能自治的特征，在信息上体现了网络化共享特征。现有智能变电站二次系统网络分为过程层网络和站控层网络即"两网"。过程层网络中，上行信息主要是电流/电压采样值数据（SV报文）、变压器/开关状态数据（GOOSE报文），下行信息一般是操作控制命令（GOOSE报文）；站控层网络中，上行信息主要是二次功能装置生成的状态、动作、告警信息（MMS报文），下行信息一般是操作控制命令（GOOSE报文）。现有智能变电站二次系统"三层两网"示意图如图5-1所示。

5.1.3 新一代智能变电站的二次系统结构

国家电网公司2012年提出构建以"集成智能化设备＋一体化业务系统"应用为特征的新一代智能变电站。新一代智能变电站通过整合系统功能，优化结构布局，采用"一体化设备、一体化网络、一体化系统"技术构架，有效提升了变电站智能水平。

由于智能式设备的采用，使得目前变电站大部分间隔层设备和功能逐步融入智能化设备本体，过程层网络所承载的采集、处理、判断、控制等信息通过智能设备内部总线连接实现，过程层与间隔层有效集成形成的就地层，变电站成为"两层一网"结构（即设备装置根据实现功能不同分为就地层、站控层，层与层、层内设备间信息交换通过"一体化网络"实现，见图5-2）。

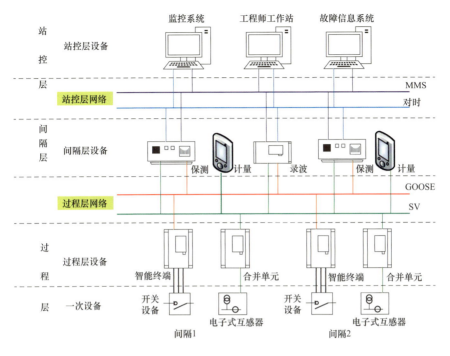

图 5-1 现有智能变电站二次系统"三层两网"示意图

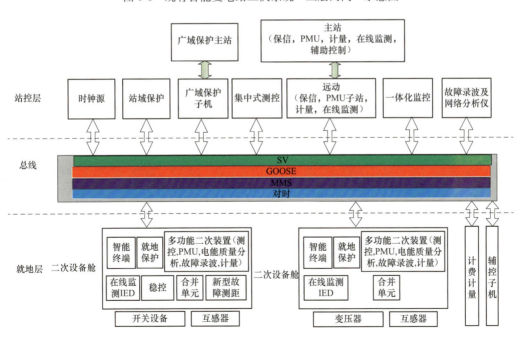

图 5-2 新一代智能变电站"两层一网"示意图

在"一体化网络"上，GOOSE、SV、MMS 和 IEEE 1588 网络对时等通信业务共网传输，根据变电站电压等级及相对重要性，"一体化网络"可按 A、B 双网组网，提高系统冗余性和可靠性。

新一代智能变电站与现有智能变电站二次系统差异见表 5-1。

表 5-1　　　　　　　　　　新一代智能变电站与现有智能变电站二次系统差异

分类	现有智能变电站	新一代智能变电站
信息共享	不完全	完全
继电保护	分散式	层次化
自动化	信息采集重复，子系统孤立	信息采集统一，站端功能整合
网络	三层两网	两层一网
一次设备	一次设备智能化	智能化一次设备
系统集成	不充分	优化

由于目前一次设备正处于"一次设备智能化"向"智能化一次设备"转变的阶段，智能化一次设备研发不彻底，在实际应用之前，大多考虑结合多功能二次装置的应用采用"三层一网"结构。"三层"设备指过程层设备、间隔层设备、站控层设备；"一网"指层与层、层内设备间信息交换的"一体化网络"。一体化网络应用以多功能二次装置为前提，只有二次装置功能集成、端口整合的情况下，才能有效节省交换机端口占用数量，切实减少变电站交换机使用数量。本章以下所述主要基于"三层一网"进行展开。"三层一网"示意图如图 5-3 所示。

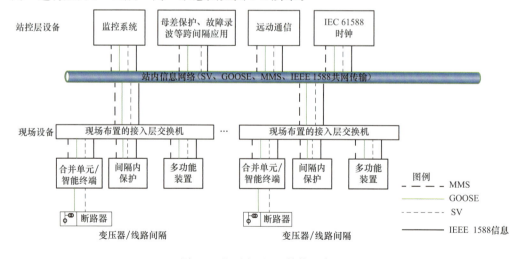

图 5-3　"三层一网"结构示意图

5.2 新一代智能变电站二次设备集成

随着智能变电站试点工程的建设、投运以及智能变电站的推广建设，现有典型二次设备的整体性能不断得到提升和完善，在一定程度上促使产生了对相关装置进行集成设计的思路，尤其是随着变电站智能化水平的要求不断提高，将全站二次设备进行集成已成为今后二次设备发展的趋势。新一代智能变电站以"占地少、造价省、效率高"为目标，而设备的集成恰好是减少占地面积、节约建设成本的重要途径，因此，在保障电网安全运行可靠的前提下，将现有成熟应用的功能、设备进行集成或整合符合技术和产业发展需求。本节对智能变电站过程层、间隔层和站控层二次设备的各类集成方案进行阐述，为今后新一代智能变电站的发展建设提供参考。

5.2.1 过程层设备集成

过程层设备在 IEC 61850 标准中主要指一次设备，如互感器、断路器等，由于一次设备测量数据及开关状态信息的采集需要通过数字化传输，因此，合并单元和智能终端就成为一次设备的数字化接口设备，分别承担电压、电流数据采样以及遥信和开关控制操作等功能。从间隔层设备的角度看，合并单元和智能终端分别是数据的输入和输出设备。在网络采样和网络跳闸方式（简称"网采网跳"）下，各自分别对应过程层的采样值（SV）网和通用面向对象变电站事件（GOOSE）跳闸网，也有将两者共网的模式，即 SV＋GOOSE 共网。当采用 IEEE 1588 网络对时并将其融入共网模式下即成为行业中所说的"三网合一"（SV、GOOSE、IEEE 1588）。在"直采直跳"模式下，合并单元和智能终端仍然是数据的输入和输出设备，其区别就是取消了交换机，"网采网跳"模式下的通信链路变成了光纤连接。随着合并单元和智能终端设备的大量应用，设备的整体性能逐渐稳定，同时也考虑到在同一间隔内，合并单元和智能终端均针对同一设备，将两者集成不仅能够为一次设备提供更好的数据输入、输出服务，同时还能够减少设备数量、减少屏柜数量、节省屏柜空间、减少占地面积、节约设备成本、降低全站投资。合并单元智能终端集成方案如图 5-4 所示。

针对合并单元和智能终端的集成，目前较为典型的方案有两种。一种是两者简单的集成［见图 5-4（b）］，共同安装于同一个机箱，该方式对设备的改动较少，可以节省屏柜空间，设备硬件上仅节约一块电源板，经济效益较为有限；另一种是两者从功能上进行深入整合［见图5-4（c）］，对新的集成装置进行重新设计和开发，将两者共性功能如电源、人机接口、网络通信口进行集成，将两者的对时功能、遥信采集功能进行整合，将合并单元承担的电压并列和切换功能进行改进，同时从系统的角度对合并单元模块和智能终端模块的 CPU 资源进行统筹规划，更好地实现设备内部资源的共享，提高装置的整体智能化水平。此种方案下 SV 和 GOOSE 共网口传输可将"直采直跳"模式下光口数量减少一半，不仅可有效降低设备的硬件成本，也可降低全站设计的复杂程度，经济效益显著。

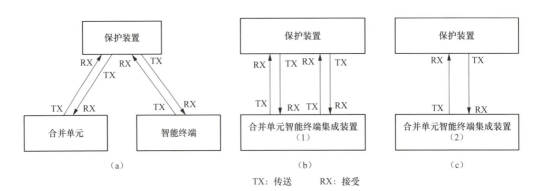

图 5-4　合并单元和智能终端集成方案
(a) 没有集成；(b) 简单集成；(c) 深入整合

5.2.2　间隔层设备集成

间隔层设备主要包含常见的保护装置、测控装置，同时也包含相量测量单元（PMU）、电能质量监测设备和稳定控制设备等，由于间隔层设备应用最为广泛，相关经验也最为丰富，因此，针对间隔层设备的集成方案也最多。

1. 保护测控集成装置

本节所讨论的保护测控集成装置是针对 110kV 及以下电压等级，主要基于安全可靠的原则，同时也考虑了现有运行管理方式。从传统变电站、数字化变电站到智能变电站，保护测控集成装置已有较为成熟的应用，各网省公司也具有成熟的运行维护经验。尤其是 10、35kV 电压等级的线路间隔，由于广泛采用开关柜的方式，因此保护装置通常都安装于开关柜上，由于开关柜面板的空间有限，若保护、测控装置同时安装将变得困难，同时也增加了调试安装难度，因此，为进一步减少设备数量，在 10kV 和 35kV 线路间隔通常采用保护测控集成装置。

在传统变电站中，通常在保护采样板件中增加一组测量用电流互感器实现测量数据的采集，同时增加一块控制输出板件提供一组遥控操作节点以实现测控装置的控制功能。即使是采用了电子式互感器，保护测控集成装置同样能满足要求。而在 110kV 线路间隔中，虽然采用户外空气绝缘的敞开式开关设备（AIS）方式，但也可采用保护测控集成装置，一方面因为 110kV 线路保护装置配置的保护功能并不太多，其实现原理也相对简单，另一方面也由于其电压等级不高，在该电压等级集成能够更好地体现其经济效益。

目前 110kV 及以下电压等级的保护测控集成装置也有广泛应用的基础。针对 220kV 及以上电压等级的线路间隔，由于电压等级较高，保护的功能配置也较为复杂，在其基础上实现集成不仅面临技术上的风险，同时也面临运行检修的压力。因此，在 220kV 及以上电压等级应用保护测控一体化装置的变电站并不多，目前主流的方式仍然是保护、测控各自双重化配置。

2. 集中式保护装置

IEC 61850 标准的应用推动了网络采样技术发展，可以实现全站信息共享，通过目前集中式保护试点应用的情况来看，"网采网跳"或"直采直跳"都不影响集中式保护装置的实现。而且集中式保护能够有效减少变电站设备数量，减少屏柜、电缆数量和占地面积、节约变电站建设成本。而且随着装置 CPU 性能的不断提升，多间隔的数据处理对保护动作影响较小且逐渐降低，采用集中式保护装置冗余配置的方式能有效提高变电站运行的安全性和稳定性。

3. 集成测控装置

集成测控装置与集成保护装置（集中式保护装置）类似，主要针对现有变电站保护和测控分开配置存在设备数量大的现状而提出。现有 220kV 及以上电压等级的变电站保护和测控分别配置，多采用冗余的方式。由于测控装置对实时性要求较继电保护装置低，因此就考虑以分段母线为间隔，将接入同一母线间隔的所有测控装置进行集成，形成一套集成测控装置来实现多间隔稳态数据的测量和控制功能，同样，为提高集成测控装置的可靠性，也可采用冗余配置的方式来实现，使设备总体数量大幅减少，经济效益十分显著。

采用集成测控装置一个突出的优势就是当测控装置实现"五防"闭锁功能时，之

前需要通过网络获取其他间隔的测量或状态信息变成了装置的内部信息，因而实现更为容易。但本方式给后续的运行维护带来的挑战和影响较大，尤其是参数配置、配置文件管理等。集成测控仅是设备集成的一种方式，相对于集成保护，两者有一定的互补性，甚至可将两者再次集成形成集成式保护测控装置。总体上看该方式仅是针对多个测控而进行了简单集成。

4. 多功能测控装置

目前变电站稳态数据主要由数据采集与监控（SCADA）系统采集，动态数据主要由广域测量系统（WAMS）采集，暂态数据主要由继电保护、故障录波系统采集，各系统相互独立，时标不统一，数据不能共享，不利于事故分析及调度系统的状态估计等高级应用，增加了变电站数据采集的反复投资和设计的复杂程度。上述三态数据（稳态、动态和暂态）都是源自于同一间隔，但因为不同的应用需求被分成了三路不同的采集通道。三态测控装置对现有测控、PMU 和故障录波的功能进行了整合，形成了一个多功能的测控装置，不仅有效减少了设备数量，节约了屏柜空间，简化了全站的设计，而且从 SCADA 监控系统的数据源头对数据时标进行了统一和同步，能够有效保障数据质量，为变电站和主站的高级应用提供支撑。三态测控实现了采集通道的共用，使得将现有计量和电能质量检测的功能与之整合成为可能，形成多功能测控装置。一定程度上，多功能测控将变电站间隔层内非保护功能的相关设备进行了有效集成，其经济效益十分明显。同时多功能测控装置的发展将为智能组件的发展创造条件。

5. 智能组件

智能组件是智能高压设备的组成部分，由测量、控制、监测、保护、计量等全部或部分智能电子设备（Intelligent Electronic Device，IED）集合而成，通过电缆或光缆与高压设备本体连接成一个有机整体，实现或支持对高压设备本体或部件的智能控制，并对其运行可靠性、控制可靠性及负载能力进行实时评估，支持电网的优化运行，通常运行于高压设备本体近处。

但当前及今后一段时间内，限于国内一、二次产业长期分离的现状以及二次设备融入一次设备涉及的绝缘、电磁干扰等问题，二次设备功能以智能组件的形式运行于高压一次设备本体附近将是切实可行的方案，目前已有智能变电站工程试点应用。智能变电站变压器智能组件、智能开关组件等先后在新建或改造变电站试点运行，推动了智能组件的发展，但考虑到继电保护装置的特殊性，目前的智能组件均未包含保护功能，具体的监测功能只有简单的一部分，一次设备的状态监测仍然由独立的状态监测装置或主 IED 来实现。

智能组件的集成度远大于上述几种间隔层设备集成方案，随着技术的发展，智能组件最终要融入一次设备，因此其集成将涉及过程层、间隔层的集成，如此未来的变电站将只有就地层（过程层和间隔层合一）和站控层。但从目前来看，先从过程层、间隔层进行设备集成是智能组件发展的重要过程，前述多功能测控装置就是间隔层设备（保护除外）深度集成的一个典型。

6. 故障录波与网络分析仪集成装置

故障录波装置的功能在智能变电站环境下并未有大的变化，但其数据接入方式却发生较大改变，主要因为当前数字化采样的出现。网络分析仪主要是用来接入通信网络，便于变电站运行监测或者事故追踪分析，并不是变电站的标准配置设备，目前在实际工程招标中属于选配。提出故障录波和网络分析仪集成装置的出发点是因为采样数据的网络化传输，即当采用网络采样时，两个设备具有相同的接入数据源，两者集成可减少设备和屏柜数量。

5.2.3 站控层设备集成

站控层设备主要包括监控主机、数据通信网关机、数据服务器、综合应用服务器、操作员工作站、工程师工作站、PMU 数据集中器和计划管理终端等设备，这些设备是组成一体化监控系统的重要组成部分。在站控层，设备的集成并不明显，反而是一体化监控系统对全站的数据流向、应用功能进行了梳理和整合，一方面减少了站控层设备的数量，优化了全站的数据流向，提升了全站的智能化监视和管理水平；另一方面着眼于未来技术的发展趋势，具有较好的可开发性和维护便利性，同时也能够为当前"大运行、大检修"提供有效支撑，能够更好地为调度主站提供支撑，通过与主站紧密的信息交互和功能的协同互动，全面提升变电站的整体智能化水平，提高变电站运行的安全性和可靠性。

从系统集成的角度看，一体化监控系统将传统监控系统内保护及故障信息管理系统子站、"五防"闭锁系统等进行了集成，将其全部融入了一体化监控系统的监控主机。监控系统实现保信子站的功能其优势比较明显，不仅可以节省一套独立的子站系统，降低建设成本，最为关键的是有利于为智能告警和事故综合分析等高级应用功能的实现提供更加完善的数据。"五防"闭锁由监控系统实现，不仅可以节省传统"五

防"闭锁系统的设置，节约建设成本，其突出优势是取消了传统变电站防误系统和监控系统之间的通信，"五防"闭锁功能能够直接从监控系统数据库获取数据和图形，节省了工作量。

5.3 一体化业务系统

5.3.1 系统构成

一体化业务平台是智能变电站的站级业务功能平台，运行在监控主机和综合应用服务器之上。一体化业务平台由基础平台、统一访问接口和应用功能模块三部分组成，可通过标准化接口接入第三方扩展应用模块，共同完成电网监控、设备监测及各类运行管理与维护业务，具有平台开放、可扩展、易维护、按需配置的特征。

一体化业务平台可分为基础层、服务层和应用层，涵盖了与数据管理、信息传输与交换、数据分析、系统展示等有关的各种服务和应用，其层次结构图如图 5-5 所示。一体化业务平台应满足以下技术要求：①应具有良好的开放性，能满足系统集成和应用不断发展的需要；②应采用层次化的功能设计，能对软硬件资源、数据及软件功能进行组织，对应用开发和运行提供环境；③应提供公共应用支持和管理功能，能为应用系统的运行管理提供全面的支持。

基础层为一体化业务平台提供必需的基础设施，包括网络系统、基础硬件设备、操作系统、数据库、中间件等，满足服务层和应用层正常运行的需求。服务层主要为应用层提供所需的公共服务及用于平台管理的支撑服务，一般与具体业务或应用功能无关。应用层是一体化业务平台的核心所在，应用层包含平台基础应用和扩展应用。

一体化业务系统应用功能可按照功能需求划分为基本业务、高级业务、扩展业务三大类业务应用。每类应用又可划分不同的应用组，是由一组业务需求性质相似或相近的应用构成，可以完成某一类业务，每一组应用是由一组互相紧密关联的功能模块组成，用于完成某一方面的业务工作，功能是由一个或多个服务组成，用于完成一个特定业务需求。服务是组成功能的最小颗粒的可被重用的程序，最小化的功能可以没有服务。具体应用配置如图 5-6 所示。

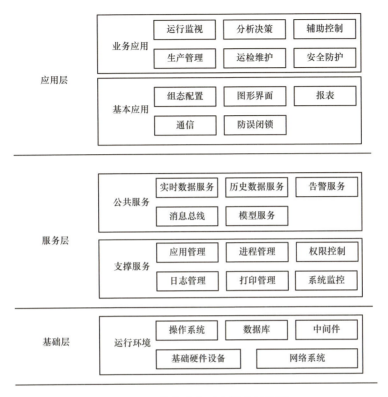

图 5-5　一体化业务平台层次结构图

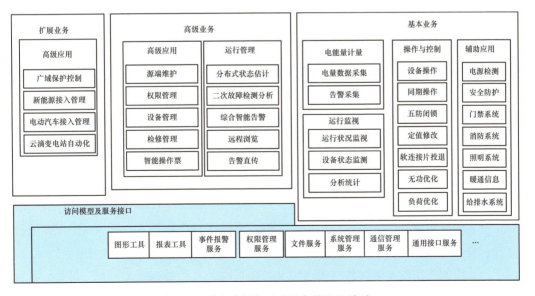

图 5-6　业务应用与基础平台的配置关系

一体化业务系统的后台硬件主要包括监控主机、综合应用服务器、数据通信网关机和数据服务器等。监控主机及服务器一般采用工业控制用服务器，优先选用多核 CPU，内存 2G 以上，采用 UNIX、Linux 等操作系统；数据通信网关机一般采用电力系统专用无风扇嵌入式硬件，或 Intel 工业控制处理器为核心的工控机，在接口上均提供可扩展插槽，可根据需要扩展通信板卡、B 码对时、开入开出卡等。

（1）监控主机。监控主机实现电网数据采集、运行监视、操作与控制、智能告警与故障综合分析等功能。监控主机与测控装置、继电保护设备、故障录波器等监控设备信息交互采用 DL/T 860 规约，与 PMU 设备通信采用专有协议。监控主机功能结构框图如图 5-7 所示。

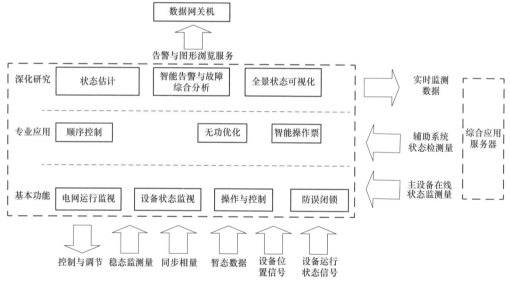

图 5-7　监控主机功能结构框图

（2）综合应用服务器。综合应用服务器实现与电能质量监测、状态监测、故障录波、辅助系统等设备（子系统）的信息通信，通过统一处理和统一展示，实现其运行监视、控制与管理等功能。综合应用服务器系统功能结构框图如图 5-8 所示。

（3）数据通信网关机。数据通信网关机集成远动、远程浏览等功能，支持 DL/T 860 规约转出数据、TCP 103 规约融合数据转出、源端维护等高级应用功能。

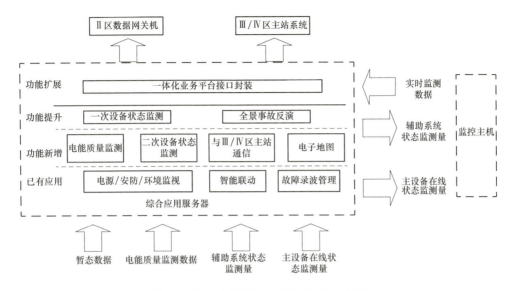

图 5-8 综合应用服务器系统功能结构框图

（4）数据服务器。实现智能变电站全景数据的集中存储，为各类应用提供统一的数据查询和访问服务。

5.3.2 关键技术

1. 平台标准化技术

一体化业务系统通过在基础平台之上构建的模块化应用，实现平台与功能的分离。利用基础平台的标准数据接口，可以保证功能模块和数据平台的低耦合、模块之间的零耦合，为高级应用模块的快速开发、部署、运行、监测提供技术上的方便性。为实现平台的标准化接口，可采用抽象消息总线、数据分类存储和标准化插件管理等技术。

兼容多平台的抽象消息总线技术可基于事件驱动，提供进程间（计算机间和内部）的信息传输，具有消息的注册/撤销、发送、接收、订阅、发布等功能，能以接口函数的形式提供给各类应用，提供传输数据结构的自解释功能，支持基于 UDP 或 TCP 的实现方式，具有组播、广播和点到点传输形式，支持一对一、一对多、多对一的信息传输，支持快速传递遥测数据、开关变位、事故信号、控制指令等各类实时数据和事件。

通过多类别、多时间尺度的数据分类存储，可提供数据的快速访问。基础平

台数据存储分为实时数据库和历史数据库。实时数据库是应用与平台之间、应用与应用之间数据交互的基础，能够提供各种访问接口，包括本地接口与网络接口，支持远程调阅，提供系统的数据远程技术支持。历史数据库采用成熟的商用数据库系统，用于保存设备参数、运行数据、系统配置、告警和事件记录、历史统计信息等一切需要长期保存的数据，历史数据库数据管理功能提供一组数据库访问接口。

基础平台通过面向多业务的标准化插件管理技术，以"服务接口＋访问模型"的方式提供统一的跨进程信息访问机制。访问模型是由基础平台预先定义、由外部模块直接访问的数据结构，访问模型与平台内部数据结构之间的映射由平台实现，平台和外部模块可自行约定需要扩展的内容，在配置文件中定义应用模块所需的访问模型。基础平台提供一组服务函数，用于通过访问模型读取和修改应用平台的数据，以及收发消息、读写文件等，支持服务接口的框架，负责对内部数据、消息、文件等的管理调度。

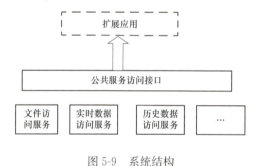

图 5-9　系统结构

平台内通过设计数据驱动、表格管理和数据访问等组件模块，集成实时/历史数据访问、文件访问等多种服务功能，提供统一的跨进程公共数据访问接口，如图 5-9 所示。扩展应用是一个独立的模块，通过访问接口获取平台提供的数据，并将处理结果返回给应用平台。二次开发用户可通过更新组件模块来扩展和升级系统，实现了即插即用，提高了系统的可重用性。

2. 数据通信网关技术

（1）大容量存储技术。数据通信网关机需要处理的信息量大，传统的存储模式不再满足要求，需要优化软、硬件设计和存储逻辑，提高存储效率，防止因长时间、大容量数据存储导致的存储速度降低，进而引发应用程序丢数据，甚至死机或存储介质损坏。

在硬件结构上，采用独立网卡，实现大容量报文接收、发送，有效解决报文容量问题；采用具有更强大处理能力的 CPU、工业级 SD 卡和 SATA 硬盘或大容量的 SSD 固态硬盘，实现大容量数据存储读写稳定可靠。

在软件架构上，数据网关机流程采用先关闭数据库再关闭应用程序的做法，保障历史数据读写过程不被破坏，避免出现数据读写过程被强制关闭的情况。数据库维护有专门进程负责，读写操作均有标准接口，不影响其他应用功能的运行。

在数据的存储与管理上，综合采用基于分布式实时数据库、基于关系数据库和基于文件等方式。实时数据库管理用来提供高效的实时数据存取，可支持从秒级到毫秒级的高精度实时数据采集，可提供变电站的电气设备、电网运行的参数信息、模型信息、实时信息、事件告警，实现实时数据、统计数据的遥测越限、变位、"SOE"停电记录、保护启动出口、操作记录等存储与管理。实时数据库应实现独立启动，不应依赖关系数据库。实时数据库管理应支持网络化部署，可以平等地布置在不同的节点上，也可以以客户/服务的方式进行部署，同一数据库可实现多节点镜像部署。实时数据库应支持多源数据、多态数据的存储与管理；关系数据库主要完成历史数据的存储与管理，能够最少保存最近两年的实时数据，提供完善的历史数据备份和转储机制，及数据库的模型维护、数据维护，支持分布式数据库的管理；对于故障录波、日志、模型、图形、参数等提供文件方式的存储与管理方式，并提供相应的基于文件的管理工具。

（2）集成图形网关机技术。现投运的智能变电站多采用单独配置图形网关机实现远程浏览功能，硬件采用服务器形式。实现方式为在服务器上运行原有监控系统程序，增加一个 DL/T 476 规约转发模块来实现。这种方式不仅增加了站控层设备，而且需要给图形网关机分配独立的 IP 地址，增加了调度数据网 IP 地址的浪费。新一代智能变电站采用了功能分布式配置模式，在数据网关机上直接部署通信功能，在监控主机和综合应用服务器上部署数据源及图形转换功能，从而在保证功能可靠性的基础上取消了独立的图形网关机。

5.3.3 一体化业务平台基本业务

1. 运行监视

运行监视功能应实现对站内设备运行状况的实时监视，可通过数据处理、分析统计等实现稳态、动态和暂态的运行监视功能，其逻辑如图 5-10 所示。

（1）数据采集。电网稳态、动态和暂态运行信息监视功能的实现需要采集信息详见表 5-2。

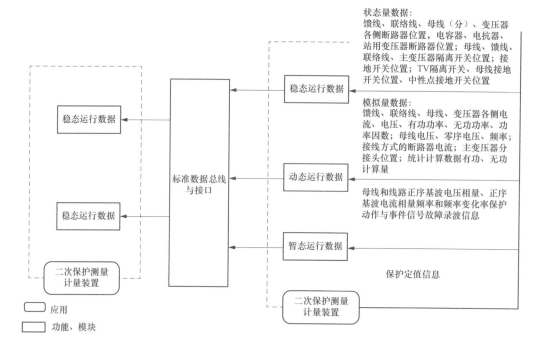

图 5-10　运行监视功能逻辑图

表 5-2　　　　　　　　　　　　运行监视功能应用数据采集表

稳态运行信息	动态运行信息	暂态运行信息
（1）馈线、联络线、母联（分）、变压器各侧、电容器、电抗器、站用变压器断路器位置。 （2）母线、馈线、联络线、主变压器隔离开关位置、接地开关位置。 （3）主变压器分接头位置，中性点接地开关位置。 （4）馈线、联络线、母联（分）、变压器各侧电流电压、有功无功功率、功率因数。 （5）母线电压、零序电压、频率	（1）三相基波电压、电流、正序基波电压相量、正序基波电流相量。 （2）频率和频率变化率。 （3）有功和无功计算	（1）保护动作与事件信号。 （2）故障录波信息。 （3）定值信息

调控中心需要的信息目前由站内远动装置上送，传输规约满足 DL/T 634.5104—2009《远动设备及系统　第 5-104 部分：传输规约采用标准传输协议集的 IEC 60870-5-101 网络访问》或 DL/T 860《变电站通信网络和系统》标准。一次设备的辅助接点信息以 GOOSE 信号方式、设备电流电压信息以 SV 信号方式分别上送至测控装置，经过装置的处理，生成功率、功率因数等再生数据，并形成满足 DL/T 860-8-1 格式的 MMS 报文，上传至站控层。GOOSE 信号和 SV 信号的对时精度分别为 1ms 与

$1\mu s$，GOOSE 信号延时要求小于 1ms，SV 信号延时要求小于 2ms，调度对稳态运行信息的响应时限要求为小于 2s。

"SOE"采用毫秒级时标记录线路开关或继电保护的动作时间，所有事件顺序记录保存在历史数据库中。

WAMS 主站所需的信息目前直接取自变电站多功能测控装置或 PMU 装置。一次设备的辅助接点信息以 GOOSE 信号方式、设备电流电压信息以 SV 信号方式接入 PMU 采集装置，通过装置的算法生成所需要的数据，以 Q/GDW 131 标准规约格式上传至主站。电能计量，通过电能量采集终端接入脉冲式、数字式电能表数据，实现自动抄表。

（2）功能实现。主要包括数据处理和分析统计两项基本功能，同时平台应提供全息式的事故追忆功能，当电力系统发生事故时，系统可根据事先定义启动条件（如事故总信号及保护动作信息）完成事故记录。

1）数据处理。遥信处理包括遥信信号取反、手动信号屏蔽、自动接点抖动检测、抖动屏蔽；双遥信节点，可根据事故总信号及保护信号自动判别事故变位。

遥测处理包括标度量与工程量转换，正确判别一、二级遥测越限及越限恢复并产生告警，可按越限时段定义越限告警死区、越限恢复死区，支持遥测量变化死区处理，支持定义遥测量零值范围，支持遥测突变阈值设定、遥测突变告警，向用户提供手动屏蔽实测值功能，有效处理多源遥测量。

电能量处理包括脉冲量转换为工程量、支持电能表计的归零、满度处理，支持由功率到积分电度量的计算；提供相应的数据质量标识，如旧数据、人工输入数据、无效数据、坏数据、可疑数据等都有明确标识。

2）分析统计。分析统计主要针对主变压器、输电线路有功、无功功率的最大、最小值及相应时间、母线电压最大值、最小值及合格率，计算受配电电能平衡率，统计断路器动作次数、断路器切除故障电流及跳闸次数，用户控制操作次数及定值修改记录，功率总和、功率因数、负荷率计算，所用电率计算、安全运行天数累计等。

2. 操作与控制

操作与控制功能包括设备操作、同期操作、操作闭锁、定值修改、软连接片修改、无功优化控制以及顺序控制。逻辑功能如图 5-11 所示。

（1）数据采集。设备操作、同期操作、五防闭锁等操作与控制功能的实现需要采集信息见表 5-3。

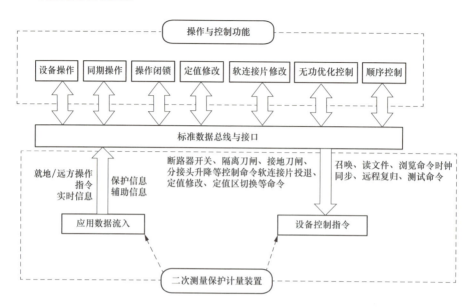

图 5-11 操作与控制功能逻辑图

表 5-3　　　　　　　　　　操作与控制功能应用数据采集信息表

设备操作	同期操作	五防闭锁	定值修改	软连接片投退	无功优化	负荷优化
（1）一次设备辅助接点信息 （2）远方/就地切换开关位置信息 （3）控制对象操作标识牌信息 （4）主变压器分接头状态信息 （5）操作前选择控制命令 （6）直接控制命令 （7）顺序控制操作命令 （8）调节主变压器分接头命令 （9）召唤、读文件、浏览命令 （10）时钟同步、远程复归、测试命令等	（1）线路电压的幅值、相角和频率 （2）母线电压的幅值、相角和频率 （3）线路隔离开关位置信号	一次设备辅助接点信息	（1）定值修改命令 （2）装置定值单信息	（1）软连接片投退命令 （2）装置软连接片信息	（1）目标值信息 （2）变压器、母线等故障信息 （3）无功设备状态信息	（1）目标信息 （2）变压器测量信息

（2）功能实现。

1）设备操作包括单设备操作和分级操作，可实现对站内断路器、电动隔离开关、主变压器分接头、无功功率补偿装置的控制操作，并可实现顺序控制操作。顺序控制宜通过辅助接点自动完成每步操作的检查工作，应实现遥控、遥调、变压器分接头升/降/急停、信号复归、序列控制等。

2）同期操作可实现检同期、检无压方式操作。

3）操作闭锁主要实现控制闭锁功能。包括断路器操作时，闭锁自动重合闸，远方、本地、就地控制操作闭锁，自动实现断路器与隔离开关的闭锁操作，支持全站总挂牌闭锁和按间隔（回路）设备挂牌闭锁。防误闭锁包括站控层闭锁、间隔层联闭锁和机构电气闭锁三个层次，分别由监控主机、测控装置和设备本体实现。

4）定值修改功能。通过监控系统或调控中心修改二次设备的定值实现，装置同一时间仅接受一种修改方式。

5）软连接片投切功能。通过监控系统或调控中心进行二次设备的软连接片投退实现，装置同一时间仅接受一种修改方式。

6）无功优化控制功能（VQC）。应根据预定的优化策略实现无功的自动调节，由操作人员或调控中心进行功能投退和目标值设定。VQC 具有根据地区负荷的高峰、低谷不同时间段进行逆调压功能，始终使电压保持在合格范围内；支持多种接线方式，能自动拓扑识别变压器并列和母线与电容器/电抗器的连接关系；自动识别判断运行方式，并根据不同运行方式、VQC 控制结果预测分析，自动选择相应的最佳调控决策；对装有串联电抗器的电容器组，能够做到按优先顺序投切，并支持 VQC 闭锁功能。VQC 支持控制策略包括标准九区图、电压优先综合控制、无功优先控制、双九区控制以及其他用户特定控制策略，能够对各个受控站的有载调压变压器的分接头位置和无功补偿设备（电容器、电抗器、调相机等）进行集中、统一控制，或对各个受控站的 VQC 调控策略进行参数配置，以最大化地提高区域电网的运行可靠性和经济性。

7）顺序控制实现是当调度人员执行一条顺序化操作命令过程时，操作票执行和操作过程的校验由变电站内自动化系统自动完成，实现一键操作。变电站顺序控制对象主要包括一次设备操作（断路器、隔离开关等）和二次设备操作（保护软连接片的投退、保护定值区切换等）。

根据操作对象的不同，将顺序操作划分为间隔内操作和跨间隔操作两种类型。

间隔内操作指操作的内容仅涉及本间隔内一次设备的操作，比如单条线路的一次状态（运行、热备用、冷备用、检修）切换等。跨间隔操作指操作对象涉及多个间隔的一次操作以及多个间隔的二次操作，如双母线接线变电站的倒闸操作，通常会涉及多个间隔运行方式的变化，同时也涉及多个保护设备软连接片、定值区的切换等。

顺序控制宜通过辅助接点状态、测量值变化等信息自动完成每步操作的检查工作，包括设备操作过程、最终状态等。顺序控制也可与视频监控联动，提供辅助的操

作监视。

3. 一次设备在线监测

（1）数据采集。一次设备状态在线监测的范围应包括变压器、断路器、避雷器等设备，主要信息内容见表 5-4。

表 5-4　　　　　　　　　　　　　一次设备在线监测功能应用数据采集信息表

变压器	断路器	避雷器
（1）变压器油箱油面温度、绕组热点温度、绕组变形量、油位 （2）变压器有载调压机构油箱油位 （3）变压器铁芯接地电流 （4）变压器油中溶解气体含量 （5）变压器局部放电数据	（1）GIS、断路器的 SF_6 气体密度（压力） （2）断路器行程—时间特性、分合闸线圈电流波形 （3）断路器储能电动机工作状态 （4）断路器局部放电数据	（1）泄漏电流 （2）阻性电流 （3）动作次数

一次设备监测数据应实现按间隔分布采集。设备状态数据通过前端传感器将原始信息传送至智能组件 IED，站内应统一布置监测子站。IED 与监测子站之间为 MMS 报文格式，监测子站与监测主站之间采用满足 DL/T 860-8-1 标准的协议。

（2）功能实现。站内综合应用服务器通过状态监测数据判别异常情况征兆或使用寿命终结的迹象，实现设备在线自检测、自诊断以及在线状态评估和检修。

4. 电能计量

（1）数据采集。电能量计量采集数据包括电量数据和计量表计告警信息，均来自计量设备和采集终端，以 MMS 报文格式上送至站控层。

（2）功能实现。全站使用多功能测量装置和电能表完成电能计量功能，通过过程层的 IEC 61850-9-2 以太网接口，从过程层交换机上获得采样数据。电量采集终端一方面从多功能测量装置和电度表获取电量数据，另一方面接入 II 区综合应用服务器，同时通过专用通道直接接入到远方计量主站。电量采集器与远方计量主站间采用 IEC 60870-5-102 规约通信。

5. 辅助应用

辅助系统包括电源系统、消防、安防、环境监测以及照明系统。辅助系统功能逻辑框图如图 5-12 所示。

（1）数据采集。辅助设备监测数据来自于站内的智能辅助控制系统。各子系统的设备状态和告警信息传送至控制系统服务器后，以 MMS 报文格式上传至站控层。辅助设备监测信息非时信息，在站内属调度Ⅱ区信息，通过Ⅱ区数据通信网关机上送给主站。主要采集信息见表5-5。

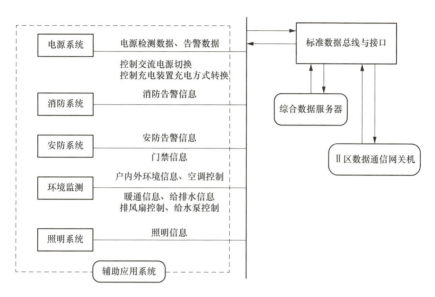

图 5-12 辅助系统功能逻辑框图

表 5-5 辅助系统功能应用数据采集信息表

电源监测	电源告警	安防告警	消防告警	门禁信息	环境信息	暖通信息
三相交流输入电压、充电装置输出电压、充电装置输出电流、母线电压、电池电压、电池电流、各模块输出电压电流、各种位置信号、各种故障信息、单体电池电压、电池组温度等	交流输入过电压、欠电压、缺相；直流母线过电压、欠电压；模块故障；电池单体过电压、欠电压等	红外对射报警、电子围栏报警及警笛	烟雾报警及火灾报警	门开关状态、人员进出记录；对非法闯入、门长时间未关闭及非法卡刷卡进行告警	温度、湿度、风力、水浸、SF₆气体浓度等实时环境信息及告警信息	温度、风机运行状态、空调运行状态

（2）功能实现。辅助应用功能应实现对变电站辅助设备运行状态的统一监视，包括电源、环境、安防、辅助控制等，并支持对辅助设备的操作与控制；应能对照明系统分区域、分等级进行远程控制，远程控制空调、风机和水泵的起停，远程控制声光报警设备，远程开关门禁，并支持与视频于系统之间的联动；不仅要为站内运行人员、调度中心、集控中心提供变电站视频信息，还能向应急指挥中心提供现场画面信

133

息；自动监测变电站环境温湿度，优化动力环境控制方案，自动调节空调设备；自动实现变电站水浸、漏水报警，防止水淹事故扩大；高可靠图像识别防止围墙，高可靠图像识别防抛物破坏。

5.3.4 一体化业务平台高级业务

1. 故障综合分析

智能告警能够自动报告变电站异常并提出故障处理指导意见，为主站分析决策提供依据。智能告警已经在智能变电站进行了应用，取得了较好的效果，但是仍存在以下问题：①判别模式采用单一维度，对具体的告警信息还不能做到准确且充分地描述；②告警方式相对单调，只是单向地提供抑制/启用、孤立的告警信息确认等功能，缺乏用户体验；③功能侧重于事故后的关联信息推理，缺乏对隐形故障的深度分析，不能对运行过程中最主要告警信息进行有效过滤与屏蔽。

新一代智能变电站的智能告警与故障综合分析功能将有很大的改进和提升。通过对变电站逻辑模型的在线实时分析，实现变电站告警抑制和屏蔽功能，消除告警抖动、冗余告警等无效告警信息，降低重要告警信息丢失的概率。通过告警信息直传和远程浏览功能实现告警信息的直接上送，降低调度（调控）中心信息监视的数量，使得电网和设备监视的针对性更强。可根据遥测越限、数据异常、通信故障等信息，对电网实时运行信息、一次设备信息、二次设备信息、辅助设备信息进行综合分析；通过单事项推理和关联多事件推理，生成告警简报；根据告警信息的级别，通过图像、声音、颜色等方式给出告警信息，帮助运行人员进行事故定位，提高事故处理速度，并以简报的形式将智能告警分析结果按照调度中心要求及时进行上送。

（1）智能告警信息的抑制和屏蔽。改进的智能告警功能可对故障和异常事件发生时产生的大量告警信息进行抑制、屏蔽，并能对误报、漏报的信息进行识别。告警抑制通过设置告警死区和滞止功能，减少越限条件下的告警触发次数；通过告警延迟功能，抑制告警抖动；对不同设备产生的冗余告警，只告警一次；对同一个设备，高优先级的告警应抑制低优先级的告警。

（2）基于变电站模型的信息识别与智能推理。智能告警信息识别方式包括多维度识别、按发生源识别、按敏感度识别等方式。多维度识别，即可按告警信息发生源对象分类、专业细分进行综合识别；按发生源识别，即按告警信息发出者的类型来识别；按敏感度识别，即可根据敏感度（即运行人员对信息的需求和关注程度）进行信息识别。综合性的识别方式，可帮助运行人员过滤掉瞬时中间信号、正常操作信号，并根据信号重要程度分层次提供。

对每个遥信类型、关联逻辑进行预先定义与识别，在告警事件发生后，根据每条告警信息做出推理，给出告警信息的描述、发生原因、处理措施；当连续发生多个事故或告警信号时，通过多个关联事件综合判断，判别逻辑快速定位告警原因。对变电站的主要故障类型，能根据故障发生的关键条件，结合接线方式、运行方式、开关变位及开关状态、遥测量、时序等，对故障录波、保护装置、SOE 等相关事件信息进行挖掘、整合、综合分析和判断，给出当前故障的故障类型、相关信息、故障结论及处理方式，为运行监视人员提供指导和参考，实现故障信息的综合分析、故障录波数据的离线分析、故障信息的保存与查询等。

（3）告警直传和远程浏览。告警直传以单一事件或综合分析结果为信息源，经过规范化处理生成标准的告警条文，告警条文按照"级别、时间、名称、事件、原因"的格式进行描述，采用 DL/T 476 协议通过数据网关机直接以文本格式传递到调度主站。智能告警信息通常分为事故、异常、变位、越限、告知 5 类；告警信息的传输采用基于滑动窗口协议的传输机制，保证发送序号、接收序号的确认过程及重传功能，确保告警信号传输可靠性。

2. 源端维护

目前，电力系统中各级调度中心的信号采集均通过厂站直采方式或实时计算机通信方式获取，相关实时信息满足调度运行的监视、分析需要。调度主站能量管理系统遵循 IEC 61970 标准，利用公共信息模型 CIM 来描述电网模型，变电站侧的自动化系统遵循 IEC 61850 标准，利用变电站配置描述语言 SCL 模型来描述变电站中的数据模型。两个标准体系存在差异，调控中心的主站和变电站之间很难做到信息共享，导致每次新建或扩建变电站时，调度 SCADA/EMS 能量管理系统均需要不断进行模型信息的扩展，存在大量的重复劳动。因此，迫切需要实现当变电站的模型信息发送变化后，信息能够自动导入到调度主站数据库，主站可共享站端的图形文件建模，即实现从调控中心到变电站端数据模型的源端维护功能。

源端维护功能利用基于图模一体化技术的系统配置工具，统一进行信息建模及维护，生成标准配置文件，为各应用提供统一的信息模型及映射点表。提供的信息模型文件遵循 SCL、CIM、E 语言格式图形文件遵循 Q/GDW 624，实现 DL/T 860 的 SCD 模型到 DL/T 890 的 CIM 模型转换，满足主站系统自动建模的需要；源端维护还

应具备模型合法性校验功能，包括站控层与间隔层装置的模型一致性校验、站控层 SCD 模型的完整性校验，支持离线和在线校验方式。调度系统通过标准配置文件，实现模型的自动导入与更新，实现电网数据的统一建模、统一维护，大幅提高工作效率，减少重复工作。

国内智能变电站采用模型映射方法，提出了模型、图形、通信一体化的源端维护实现方案，解决了变电站和主站的无缝连接。

源端维护功能逻辑如图 5-13 所示。一般可由站内监控系统导出调度主站适用的 SVG 文件以及通过 SCD 工具生成的 SCD 文件，通过数据网关机传输到调度主站。主站端按照不同调度中心电网模型裁减要求，将 SCD 文件转换生成 CIM 模型文件，包括电网模型和测量模型，并生成扩展远动测点表用于给调度中心生成采集模型。主站导出 SVG 文件，并结合 CIM 文件生成前景图元的对象标识。数据网关机远传信息点为分检工作的生成数据网关机用到的转发信息点表，下装到数据网关机，数据网关机实现转发信息点表的自动导入及启用工作。

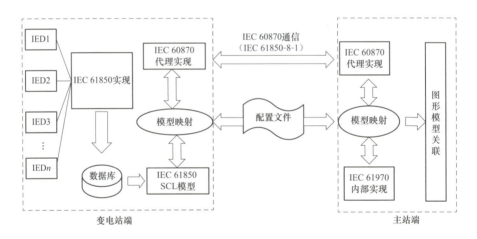

图 5-13　源端维护功能逻辑图

3. 分布式状态估计

电力系统互联是电力系统发展的必然趋势，这对能量管理系统的自动化水平要求越来越高。状态估计是能量管理系统的核心部分，状态估计算法的研究直接关系到状态估计计算的速度、精度等，面对大规模的电力系统，传统的状态估计算法已经不可能有所突破。近年来，国外提出了分布式状态估计技术，即将传统调度自动化系统对全网进行的状态估计分解到各智能化变电站中，通过对各智能化变电站进行分布式状态估计以及调度中心与变电站之间的边界协调来实现全网的状态估计。随着分散式控制技术的快速发展，其可能是未来电力系统控制发展的主要趋势。

传统调度中，状态估计只在调度端进行，变电站只需将本地数据传送给调度端，由调度端进行状态估计。而在智能变电站内进行状态估计，可以利用本地测量的高冗余性，实现变电站状态估计，进行拓扑错误和模拟量坏数据的检测和辨识，获得高可靠的拓扑结构、高精度的母线电压、支路电流功率等数据，保证基础数据的正确性，支撑智能电网调度技术支持系统对电网状态估计的应用需求。分布式算法实际上是将方程降维协调并行求解，不足的地方是目前受网络速度的制约，信息交流的占用时间比较大，尤其是边界节点数量很大时，网络耗时尤为突出。

变电站分布式状态估计是根据变电站内高冗余的量测量来进行状态估计，获得更可靠的站内拓扑结构和各种电气量更高精度的估计值。状态估计的基础是网络拓扑。在网络拓扑基础上，结合量测量进行拓扑错误和模拟量的检测和辨识，并将状态估计结果按调度的要求全部或部分上传。状态估计计算是基于一个时间断面的量测数据，所以软件中需完成断面数据的保存和加载。状态估计的结果要进行统计和考核。

分布式状态估计主要实现的功能如下。

（1）网络拓扑。

（2）量测系统可观测性分析。

（3）使用变电站设备参数、拓扑连接关系、实时量测数据，计算变电站中各计算母线的电压幅值和相角的估计值，并求出各量测量的最优估计值。

（4）不良数据检测和辨识。

4. 二次设备在线监测及故障分析

二次保护测量与计量装置通过标准数据总线接口输入应用数据来进行在线监测和故障分析。功能逻辑框图如图 5-14 所示。

（1）数据采集。在线监测数据来自于站内的各二次设备、服务器及网络记录分析系统。各设备和系统以 MMS 报文格式上传到二次设备监测子站。采集数据包括断路器遥信变位信息、SOE 事件报文信息、保护配置信息及保护动作信息、故障录波信息等；二次设备的装置自检信息、运行状态信息、对时状态信息等；服务器的 CPU 负荷率、内存使用率、硬盘使用率；网络通信状态、网络实时流量、网络实时负荷、网络连接状态信息。

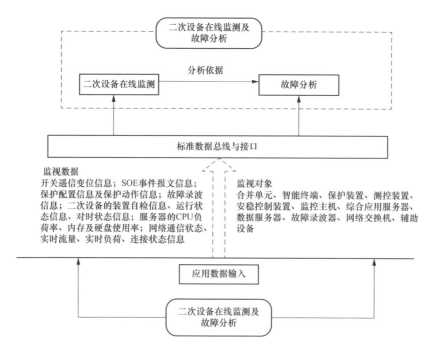

图 5-14　二次设备在线监测及故障分析功能逻辑框图

（2）功能实现。二次设备在线监测及故障分析包括二次设备在线监测和故障分析两个功能。

二次设备在线监测可采用多种通信方式、多种通信协议接入不同厂家的保护装置，主要接入装置模拟量、开关量、定值信息、事件信息、故障数据，监视设备自检信息、运行状态信息、告警信息、对时状态信息。监视对象包括合并单元、智能终端、保护装置、测控装置、安稳控制装置、监控主机、综合应用服务器、数据服务器、故障录波器、网络交换机、辅助设备等。应能支持 SNMP 协议，实现对交换机网络通信状态、网络实时流量、网络实时负荷、网络连接状态等信息的实时采集和统计。

故障信息综合分析是系统通过预定条件对一次故障中采集到的多个二次设备、一次设备的所有相关数据（包括保护事件、录波、SOE、故障参数等）进行统计，将一次故障所有相关数据筛选打包，并在此基础上进行综合故障诊断分析。故障分析包括故障信息综合分析、故障录波数据离线分析、故障信息保存与查询等。

电网在一次故障过程中产生的故障信息的组织模型及处理过程步骤如下。

1）收集保护动作事件、录波数据等信息，形成保护详细的装置动作报告。

2）收集开关变位上送的带时标的 SOE 信息，形成详细的一次设备信息报告。

3）收集录波器产生的录波文件、录波 HDR 文件等数据，生成集中录波报告。

4）在收集的故障信息基础上，根据时间、空间拓扑等信息，进行故障设备诊断分析，在保护动作报告、集中录波报告、一次设备信息报告的基础上组织成面向一次设备的电网故障报告。

5. 运行管理高级应用

运行管理实现站内设备、信息、权限、检修、操作票编制等功能。

（1）保护定值管理功能。应具备接收定值整定单的功能，具备保护定值校核及显示修改部分的功能。

（2）权限管理功能。应区分设备的使用权限，只允许特定人员使用且针对不同的操作，运行人员设置不同的操作权限。

（3）设备管理。包括设备台账信息和设备缺陷信息管理，可与 PMS 系统进行交互。

（4）检修管理。根据调度检修计划或工作要求生成检修工作票，支持对设备检修情况的记录功能。

（5）智能操作票。可根据操作任务，结合操作规则和运行方式，自动生成符合操作规范的操作票，支持通过典型操作票库、顺序控制流程库和操作规则列表生成操作票。

5.4　层次化保护控制系统

5.4.1　基本概念

层次化保护控制系统是指综合应用电网全网数据信息，通过分布、协同的功能配置，实现时间维度、空间维度和功能维度的协调配合，提升电网继电保护性能和系统安全稳定运行能力的保护控制系统，包括就地级保护、站域保护控制和广域保护控制三个层面。

如图 5-15 所示，层次化保护是一个以就地保护层为基础，站域与广域保护协同的多维度层次化继电保护系统。其中，就地保护层技术为面向单个被保护对象的保护，利用被保护对象自身信息独立决策，实现可靠、快速地切除故障。站域保护层技术面

向变电站，利用变电站多个对象的信息，集中决策，完成并提升变电站层面的保护及安全自动控制功能。广域保护面向区域电网（多个变电站），利用多站的综合信息，统一判别决策，实现相关保护及安稳控制等功能。这三层保护在空间上和时间上相互衔接，可实现保护的协同控制以及电网全范围保护功能的覆盖。

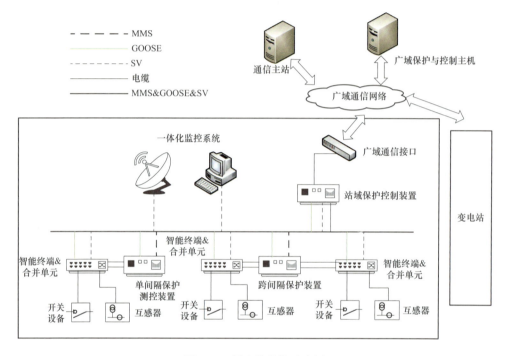

图 5-15 层次化保护示意图

5.4.2 就地层继电保护

1. 就地保护层技术特点及配置原则

（1）就地保护层技术特点。

就地保护层是面向单个被保护对象的保护。其技术特点如下。

1）按被保护对象独立、分散配置，包含完整的主后备保护功能，遵循已有技术规程、规范。

2）保护应相对独立，不受上一层（站域层、广域层）保护的影响。

3）保护在实施过程中，应采用直采直跳，跨间隔保护（母线保护）可考虑、网络跳闸。

4）保护考虑常规互感器和电子式互感器这两种实现方式，并且保护在运行过程中不依赖于外部对时。

5）该类保护的发展趋势是就地化安装，但是不一定全部就地化，即就地保护层不等于就地化保护。

（2）就地保护层配置原则。

1）就地保护层属于基本平面，需配置功能完整的主后备保护，突出主保护的可靠性和动性，保护功能不受站域保护控制、广域保护控制和影响。

2）就地化保护装置是以被保护对象来区分，以间隔为单位进行配置，按照间隔进行配置不仅有利于运行和检修维护，同时层次清晰、角色明确，未来继电保护装置集成安装到一次设备中也必须采用这种方式。

3）就地化保护强调可靠性、速动性，其保护功能不依赖于外部同步时钟及交换机，其采样和跳闸均采用直接采样、直接跳闸，避免由于交换机异常或外同步异常造成保护异常。

2. 就地保护层配置方案

（1）保护功能配置。就地保护层应保留现有线路、母线、变压器保护等功能，适当集成面向间隔的保护功能，如短引线保护与断路器保护、过电压保护等。

（2）保护布置方式。就地保护层的发展趋势是保护就地化，保护原则上靠近一次设备布置，根据不同电压等级采取不同的配置方案。结合变电站实际情况，可采用三种安装方式：就地安装于智能组件柜内、集中组屏布置于集成舱内以及开关柜方式。

（1）就地安装于智能组件柜内方式。减少了二次屏柜，结构紧凑；占地少，从而进一步缩小预制舱的占地面积；保护易采用直采直跳，保护装置采样值同步不依赖于外部时钟，保护跳闸不受交换机故障影响，可优化二次回路结构。如果采用该方式，可在出厂前完成安装调试。但是，如果采用该方式，保护装置运行环境恶劣，此时保护装置对环境的适应性要求较高，对保护装置的性能提出了更高的要求。

（2）集中组屏布置于预制舱内方式。保护装置的运行环境较好，保护装置工作的可靠性和安全性较高；该方式也可在出厂前完成安装调试，减少了现场工作量，设备维护方便。但是，该方式增加了二次屏柜，成本较高；并且，保护如果采用直采直跳，则会使装置的光口数量、点对点光纤数量增加，导致现场施工难度增大，不利于集装箱接口标准化。

（3）开关柜方式。与前两种相比，保护装置运行环境恶劣，并且需要开展大量的

现场安装调试工作。

综合比较以上三种安装方式，前两种方式性能较好。但是前两种方式需要解决预制舱、户外智能组件柜的设计制造的关键技术，例如：装置的低功耗设计、高效电源设计、热设计、IP防护设计、电磁兼容设计、装置接口标准化设计、二次设备状态监测技术以及远程维护与校验技术等。

3. 就地保护层配置实现方案

以下对就地保护层配置方案实现中的一些技术问题进行分析。

（1）保护装置运行环境。当保护装置户外智能组件柜内时，装置的运行环境较为恶劣，需着重考虑解决户外柜的防护能力和温湿度问题。如果仅靠提高二次设备本身的防护水平，则导致设备成本高昂。建议考虑提高户外智能组件柜的防护能力和装置自身耐受能力，以解决运行环境问题。

1）智能组件户外柜的处理措施。智能组件户外柜应采取必要的隔热和通风散热措施，有效隔离柜内外热传导；在柜内配置温度控制系统，将柜内设备工作产生的热量及时排出柜外，使柜内环境温度在装置工作允许范围内，具体实现如下。

应采用双层柜体设计，防尘、防水、防太阳辐射，即柜体具有对外部环境一定的隔离功能。柜内应装设温度和湿度传感控制器、风扇以及电加热器等设备。其工作模式为在柜内温度达到设定数值时，温湿度传感控制器起动电加热器和位于柜内顶部的风扇，降低柜体内的湿度。当柜内温度上升到某一温度时，柜内风扇起动，柜外新鲜空气经过滤后自机柜下层进入柜内，降低柜体内的温度。

此外，机柜结构的电磁兼容设计包括电磁屏蔽、功能性接地和静电放电防护。为了满足电气的抗干扰要求，机柜整体必须具备可靠接地的能力，并且机柜的整体电磁屏蔽性能要好。每个重要的设备之间必须用电磁屏蔽板隔开，电磁屏蔽板又必须与机柜间达成可靠的电气连接（即等电位要求）。

2）保护装置的处理措施。目前各二次设备制造厂商生产的智能终端、合并单元、保护测控装置均基于同一硬件平台设计开发，主要模件的芯片选用及设计架构并无太大差异，而智能终端在目前的AIS变电站中，均为就地户外柜安装方式，运行情况良好，经多次试验也验证了智能终端、合并单元能够满足−25～70℃的环境要求。保护测控装置相比智能终端增加了液晶显示及操作按钮，其防护等级与智能终端相同，目前常用的液晶均无法支持−25～70℃的环境温度要求，如果保护测控装置需要安装在就地的智能组件柜中则最好取消液晶面板，采用其他方式进行替代。

（2）保护装置运行维护。

1）定值查看。如果保护测控装置取消液晶面板，日常运行时可通过监控后台查阅保护运行定值区，各区定值。

2）采样输入、开入量状态监视。可在监控后台查阅保护测控装置上送的采样输入监视的电压、电流量以及开入量状态。

3）动作、告警事件以及历史事件显示。保护测控的动作、告警事件均上送监控后台，历史事件的信息监控后台也被存储，可在监控后台查阅相应信息。

4）动作录波查阅。保护的动作录波均按照 COMTRADE 格式上送监控后台，监控后台可调阅查看。

5）检修需求。对于现场检修，不论投产、验收还是定期检验均需要对保护测控装置进行功能试验，功能试验必须采用方便的措施进行定值修改及动作事件查看，如果采用监控后台查看肯定不合适，可以采用笔记本电脑通过调试接口连接保护装置，利用调试工具进行查看和操作，也可以采用便携式液晶面板连接装置，满足功能调试需求。

5.4.3 站域层继电保护

站域层保护控制主要利用全站实时信息集中决策，解决传统后备保护仅能获取单间隔电气量和开关量信息、后备保护动作时间长、灵活性和选择性不能兼顾的问题，与就地化保护一起共同构成站内继电保护体系。

1. 站域保护层技术特点

站域保护层综合利用变电站全站信息，优化保护功能与动作逻辑，提高整站保护的灵敏度和可靠性。其主要特点为：实现就地级保护功能的冗余及优化，基于网络采样网络跳闸通信模式，以确保防误动为主的原则，支持广域信息交互及控制命令执行等。

2. 站域保护层配置

（1）保护配置原则。构建站域保护的基本目的是充分发挥智能变电站二次系统全数字化的技术优势，通过信息共享和功能集成，提高继电保护的总体性能，降低投资和运行维护成本。站域保护层的配置应遵循以下基本原则。

1）分电压等级实现保护和控制功能。按照电压等级划分保护区域，由各区域装置共同完成站域保护功能，不仅能有效减少通信量，而且能加快保护和控制的速度，提高系统的可靠性，同时，也符合智能变电站二次通信系统分电压等级独立配置的设计要求。

2）保护功能的合理集成。在站域保护的集成化设计方面，应充分考虑上述不同保护的应用特点和要求，在不降低原有保护可靠性的同时，进行合理的功能集成，同时也应充分考虑工程化应用的可行性。

3）保护与控制功能相结合。站域保护利用全站信息，实现全站的后备及控制功能，因此站域保护层必然是保护、控制合一的系统。

4）可作为110kV及以下电压等级的线路及元件的后备保护。当作为就地保护的后备元件时，主要完成如下两类任务：①就地保护正常情况下，站域后备保护作为重要元件的最末级保护，以提高站内保护系统的可靠性；②在就地保护异常退出或检修时，起到保护功能迁移的作用，完成就地保护所承担的保护任务，其所有性能均应基本达到就地保护水平。

5）配置多数据处理器。站域后备保护面向全站，需要采集、处理的数据量非常大，需要完成的保护功能也很多，仅靠单CPU是无法完成的，因此考虑基于高速数据总线的多CPU硬件结构。

（2）保护配置方案。下面介绍两种站域保护方案。

1）增设集中决策单元。增设基于GOOSE网信息的站域保护决策单元，提高后备保护的性能。为了增加可靠性，可以考虑高压站域保护采用双重或多重化配置。

如图5-16所示，各变电站增设基于GOOSE网信息的站域保护决策单元，其主要目的是借用220kV输电线纵联保护的光纤通信通道，传送相邻变电站的保护动作信息（逻辑量），同时结合本站保护信息，进行智能决策，改善后备保护，如距离保护和零序电流保护的性能。高压侧利用纵联保护通道传送对侧的后备保护辅助决策信息给保护，利用GOOSE网将本站高压侧所有进出线的本侧信息以及所得到的对侧判断信息集中到站域保护决策单元进行融合判别。保护采用基于GOOSE方式的站域保护系统，SV采用点对点，但通过网络方式跳闸，在现有智能变电站保护的基础上加以改进即可以实现。

该高压站域保护构建模式在不影响原有主保护的性能和可靠性的前提下，有效提高了后备保护灵敏度、选择性和动作速度，防止后备保护在大负荷转移情况下的连锁误动，且站域保护利用GOOSE网进行信息传送，易于工程应用。此外，在站域保护出现故障时，常规后备保护能继续发挥作用，提高保护可靠性。

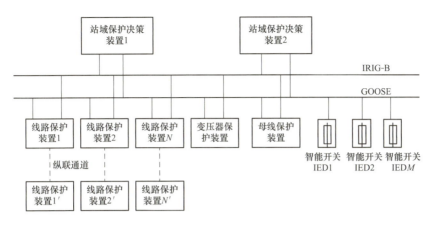

图 5-16　增设集中决策单元构建模式

2）集中式保护。如图 5-17 所示，用集中式保护装置代替原有保护，不在每个间隔单独配置保护，两套保护装置实现该电压等级下所有进出线的双重化保护。采用基于采样值方式的站域保护系统，过程层 SV 组网能够实现采样数据的共享，GOOSE 组网能实现逻辑量的共享，可实现网络跳闸。站内不再专门设置常规线路保护或母线保护，基于一台站域保护通过 SV 网集中就地不同出线或变压器低压侧测量信息，通过 GOOSE 网实现各断路器状态采集和跳合闸开关的控制。

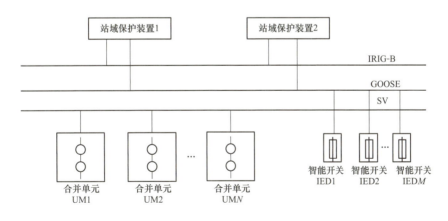

图 5-17　集中式保护构建模式

该构建模式易于实现母线保护和失灵保护，加快了母线故障切除速度，提高了后备保护灵敏度；易于不同保护原理的集成设计，提高保护的适应性；降低了保护设备成本，提高了运行和维护管理效率；通过合理的冗余配置和智能决策，提高了保护系

统的可靠性；该模式实际工程所用案例较少，可靠性方面需要进一步论证。

5.4.4 广域层继电保护

1. 广域保护层技术特点

对于 220kV 及以上电压等级的广域保护层利用区域电网信息、变电站站域以及就地层保护的信息，对电网运行进行优化控制，其主要目的主要是优化安全稳定控制功能，包括：

（1）对多点进行分布式实时振荡特性分析。

（2）区域电网潮流转移识别。

（3）电网过负荷检测及预警。

（4）与稳定控制装置协调控制。

对于 110kV 及以下电压等级的广域保护层，功能侧重局部电网的继电保护，根据局部电网的需要，在局部电网内某些变电站内选配，可实现以下各项功能。

（1）局部电网冗余保护（如局部电网的差动后备保护、失灵保护等）。

（2）局部电网自愈（广域备自投）。

（3）智能低频低压精确切负荷。主站协调、子站执行。

（4）考虑区域内单一变电站保护控制功能失去后的应急、保护和紧急控制。

（5）利用多个变电站信息、优化或补充现有保护系统性能与功能。

（6）主站（主机）远程维护子站、修改子站定值等功能。

以下针对 110kV 及以下电压等级的广域保护层，分析其结构及设备配置。

2. 广域保护层结构与设备配置

（1）广域保护层结构。110kV 及以下电压等级广域保护控制系统结构及设备配置如图 5-18。

110kV 及以下电压等级的广域保护控制，功能侧重局部电网的继电保护，主站（主机）可设置在 110kV 变电站或是 220kV 及以上电压等级变电站。当主站设置在 220kV 变电站时，其广域保护层主机（主站）与子站，仅面向本站 110kV 及以下电压等级及站外相关电网，并且建议保护主机与稳控系统主站独立配置。

为了保证运行的可靠性，应配置两套广域层保护控制主机，两套主机同时运行、互为备用。当一套失效、检修或离线组态配置时，另一套仍能在线执行保护控制功能。

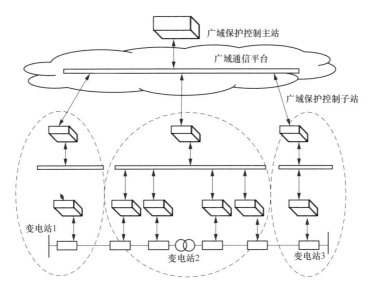

图 5-18 110kV 及以下电压等级广域保护控制系统结构及设备配置

（2）对通信的要求。由于保护对数据传输的实时性、可靠性、安全性要求较高，因此建议将保护与其他数据的通信分开。如有可能，可开通专用的逻辑通道实现广域层保护信息的传送；如果无法实现不同数据通信的完全隔离，则应配置广域保护信息专用承载网，实现广域保护信息的传送。

1）设置专用逻辑通道模式。对现有电力通信专网资源丰富的区域，可以在现有 SDH/MSTP/PTN/OTN 网络中，根据广域保护控制信息对传输通道的需求，为其划分逻辑隔离的专用通道。

2）专用承载网络模式。根据广域保护信息对通道带宽的预测，子站带宽预测接口类型有 2M、155M、FE/GE 接口，可采用 SDH/MSTP 技术建设新一代智能变电站层次化保护网络。

SDH 技术是一种基于时分复用的光传输网技术，也是当前承载继电保护业务的主流技术。在新一代智能变电站层次化保护方案中，各个子站都必须与主站交换信息，子站之间也有业务交互，对通信系统组网提出了更高的要求。在 SDH 组网方案中推荐采用环形结构组网，在光缆资源不具备的站点，可以采用（1+1）链形组网。采用环形组网时应保证上下行业务通道路由一致，从而保证上下行时延差最小。网络带宽根据环中站点的多少和各子站的业务量来确定，应留有一定的富裕度，满足业务发展的需求。

147

第 **6** 章

典型工程应用分析——吉林永吉 220kV 新一代智能变电站应用实例

2012 年 12 月国家电网公司提出建设新一代智能变电站的战略决策，以"系统高度集成、结构布局合理、技术装备先进、经济节能环保、支撑调控一体"为目标，采用高可靠、高集成、长寿命的智能设备，实现"占地少，造价省，可靠性高"的目标。2013 年底，6 座新一代智能变电站试点工程建成投运，为新技术的推广应用积累了经验。但这 6 座试点站全部分布于北京以南，缺乏高寒地区的设计、运行及检修等经验。

吉林永吉 220kV 新一代智能变电站是国家电网公司第二批 48 个变电站试点示范工程之一，也是国网新一代智能变电站在高纬度及高寒地区的首座试点应用。永吉变电站针对吉林省冬季漫长而寒冷，降雪频繁的气候特点，在新设备、新技术应用以及建设、施工工艺上采用了包括高寒地区预制舱设计应用技术、集成 ECVT 的罐式断路器研制及新一代智能变电站土建创新优化等多项关键创新技术，成功解决了新一代智能变电站在高寒地区应用所面临的难题。

6.1　永吉变电站工程概况

6.1.1　永吉电网现状

永吉供电区负荷由西湖甲乙线及西绥甲乙线 4 条 66kV 线路供电，其中西湖甲乙线已 "T" 接有 66kV 变电站 10 座，西绥甲乙线 "T" 接有城郊和永吉县变电站 9 座，任一条 66kV 线路故障均将导致永吉县大范围停电。目前永吉供电区负荷主要由城西 220kV 变电站供电，城西变电站在 2011 年冬季期间负载率达到 90％左右，其中 60％负荷集中在西湖甲乙线上，急需新建一座 220kV 变电站转带城西变电站负荷。

永吉变电站位于吉林省中东部，地处松嫩平原向长白山过渡地带，属吉林市所辖县。永吉县口前镇距吉林市 15km，距长春市 100km，幅员 2624km²，辖 2 个省级经济开发区和 9 个乡镇。永吉变电站站址位于永吉县城西南侧约 9.5km，岔路河镇东侧约 35.3km。南侧距离规划吉林南 500kV 变电站 10.1km，东北侧距离城西 220kV 变电站 21.8km，东北侧距离哈达湾 66kV 变电站 30.1km，北侧距离哈长线 23.6km。

永吉 220kV 变电站建成后，将转带供电区内 18 座 66kV 变电站。66kV 侧出线规模 18 回，是吉林地区南部电网的重要组成部分。永吉变电站主要为永吉县供电，供电区内含有大黑山钼矿、冀东水泥、北大湖滑雪场等供电可靠性要求较高的工矿企业等。永吉变电站地理位置图如图 6-1 所示。

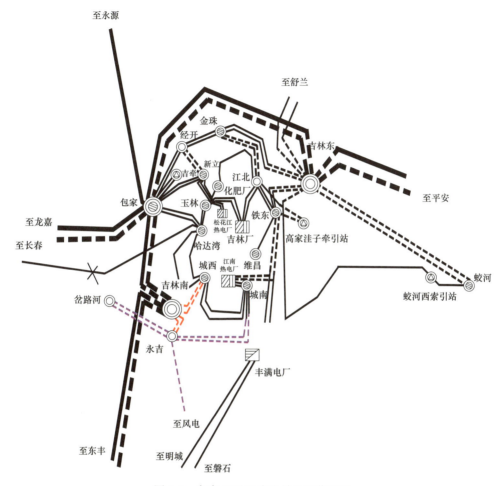

图 6-1   永吉 220kV 变电站地理位置图

6.1.2   工程设计难度

与以往的智能变电站相比，新一代智能变电站具有占地少、造价省、可靠性高等优点，因此预制舱、土建优化及电气主接线优化为新一代智能变电站建设中的重点应用体现。由于新一代智能变电站建设和投入使用时间短，根据可靠性理论，其可靠性、运行稳定性、设计合理性等方面仍需要持续不断的改进完善。目前，第一批新一代智能变电站试点为 6 座，全部分布于北京以南，对于高寒地区新一代智能变电站的

设计、运行及检修等经验，尚属空白。工程设计难度主要体现在以下几个方面。

（1）东北高寒地区季节温差和昼夜温差大，冬季寒冷漫长，降雪频繁。预制舱面临冻胀、积雪、覆冰等威胁。

（2）东北高寒地区低温寒露、温差变形、风雪沙尘、季节性冻土等建设环境对于运输、施工、运行等均产生影响。土建需结合东北高寒地区特殊环境因地制宜选用建筑方法和建筑材料。

（3）新一代智能变电站试点中多采用隔离断路器，目前国内厂家生产的隔离断路器使用条件最低温度不能低于−30℃。而高寒地区极端最低气温可达−40℃以下，低温导致 SF_6 气体液化丧失绝缘能力，严重影响变电设备和电网的安全稳定运行。

6.1.3 工程技术亮点

220kV 永吉变电站是新一代智能变电站在东北高寒地区的首次建设与投运，在总结第一批新一代智能变电站示范工程建设运行的基础上，结合东北高寒地区的特殊气候等因素，在一次设备智能化、一、二次设备深度集成化、预制舱设计、预制式建筑、施工方法及一体化业务平台应用等多方面均有创新与突破。永吉变电站在具体变电站方案设计上进行系统性、全局性、自上向下、统筹兼顾的顶层设计，实现了由分专业设计向整体集成设计的转变，使得永吉变电站总体占地面积有效减小，施工工期大幅缩短，运行维护更加智能化和简便化。

为解决永吉变电站在东北高寒地区建设的工程难度，保证新一代智能变电站在东北高寒地区的顺利建设与安全稳定应用，永吉变电站工程结合东北高寒地区气候特点，围绕高寒地区预制舱设计与应用、新型断路器的设计与应用、新一代智能变电站土建创新优化、一体化业务平台深入应用、二次系统辅助工具开发与应用等专题进行了专项研究。工程亮点如下。

（1）高寒地区预制舱设计与应用。

1）高寒地区预制舱除雪系统的研制。预制舱舱顶采用双坡屋顶的结构，根据积雪摩擦系数兼顾安装太阳能电池板的需要确定最佳舱顶倾角；在舱顶空气夹层安装由空气处理设备、通风机、风管系统及空气分布器组成的除雪送风系统，该系统通过贯流风轮产生强大气流，利用高速的热气流，清除附着在舱体顶部上的积雪和灰尘，达到预制舱舱顶冬天除雪，秋天除霜，四季除尘的目的。

2）高寒地区预制舱温控系统设计。首先提出了采用"三明治"式空腔结构的双层保温屋顶、多种材料组成的复合墙体、可有效抑制热桥效应的保温隔热舱底的舱体保温结构设计；在此结构基础上进行了基于FLOTHERM的温控热仿真，首次提出了由空调＋加热器＋新风系统组成的智能温控系统，并给出了温控系统在各温度区间的工作模式，该模式在满足温控设计要求的同时，可最大程度地实现节能减排的目的。

3）舱体外部的防腐措施研究。在高寒地区环境应用的条件下，对引起舱体腐蚀的原因进行了分析，并通过舱体结构设计、材料选择、工艺保障、外部涂覆等方式实现防腐蚀的目的。

4）高寒地区预制舱门廊设计。在预制舱出入口设置起分隔、挡风、御寒作用的预制舱门廊，门廊由保温材料制成舱体，由高速电动机带动贯流或离心风轮产生的强大气流将通过入口侵入的冷空气瞬时加热，从而解决冷热空气交换导致舱内设备表面凝露的问题；门廊底部安装可移动滑轮并设计了与预制舱墙体快速连接的卡扣，便于门廊的移动与安装，实现全站多台预制舱共用门廊，降低设备成本。

5）预制舱光伏发电系统设计。在预制舱舱顶安装离网不上送型光伏发电系统，该系统峰值功率为1.68kW，通过光伏组件所产生的直流电经过逆变器转换成符合设备要求的交流电，接入具有防逆流装置的交流电屏柜，与市电以并联的方式接入负载控制柜，为舱内温控及照明设备提供电源补给，创新性地实现了光伏屋顶发电系统与新型建筑物的结合。

高寒地区预制舱设计如图6-2所示。

（2）新型断路器的设计与应用。

1）集成电子式电流/电压互感器的新型断路器研制。首次将电子式电流/电压互感器（ECVT）组合在罐式断路器升高座套管上，形成了一种全新的深度组合。该一体化组合充分发挥电子式互感器的微功率传感、数字化输出、网络化接线和小型化结构的技术优势，创造一种新的电子式互感器外形结构，使电流、电压传感部件嵌套组合，成为断路器的一个组件，与罐式断路器进行组合装配，达到降低制造成本、减小设备占地、形成一种集成设计的智能化断路器。

2）电子式互感器带电校验技术。提出电子式电流互感器现场带电校准方法，研制了电子式电流互感器现场带电校准系统，该系统由小型钳形标互、电子式互感器校验仪、遥控机械手、测控软件系统组成。通过将被测电子式互感器的输出信号与小型钳形标互的输出信号共同输入电子式互感器校验仪进行比较，实现对被测电子式电流互感器的现场带电校准。该系统适用于电子式电流互感器现场误差交接试验和周期检测的工作，缩短变电站的事故停电和周期性检修停电时间，为电网带来直接的经济效益。

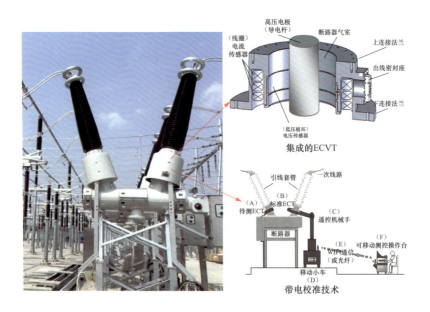

图 6-2　高寒地区预制舱设计示意图

新型断路器的设计如图 6-3 所示。

图 6-3　新型断路器设计示意图

（3）新一代智能变电站土建创新优化。吉林永吉 220kV 变电站总平面采用两列式布置，二次设备布置于预制舱内，采用竖向设计方法，使用地上电缆槽盒，减少变电站土方量，节省了占地与投资。同时，结合东北高寒地区特殊情况，构架与基础连接采用地脚螺栓方式，施工不受季节限制；采用装配式防火墙，结构简单、安装方便、湿作业少，有效缩短施工周期。土建优化细节如图 6-4 所示。

图 6-4　土建优化细节

（4）一体化业务平台深入应用。统一了状态检测设备软、硬件协议；实现了智能告警、告警直传、远程浏览、时间同步检测管理等高级应用的互操作；利用现有技术实现变电站电能质量控制、电容器组和消弧线圈投切，提升变电站运行维护的效率，确保变电站运行的安全可靠。一体化业务平台基本工作界面如图 6-5 所示。

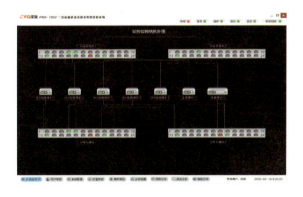

图 6-5　一体化业务平台基本工作界面示意图

（5）智能变电站二次系统辅助工具开发与应用。

1）设计配置一体化工具。采用图模一体化技术，应用设计配置一体化工具，实现了二次虚回路设计和 SCD 配置的有效集成。通过输入主接线图、装置的 ICD 文件或虚端子表，经过设计配置一体化工具进行配置后，可以自动化输出所需设计图纸、SCD 文件、二次虚拟回路图、虚端子联系图、光缆清册等资料。

2）SCD 可视化及管控系统工具。工具以 SCD 文件可视化、SCD 过程管控以及 SCD 文件比对为主要内容，实现了虚拟回路的可视化、管控校验的自动化、版本差异的图形化。不仅规范了智能变电站的二次系统信息模型管理界面，同时还提升了工程建设质量和标准化水平，为智能变电站运行维护创造了便利条件。SCD 可视化管控系统工作界面如图 6-6 所示。

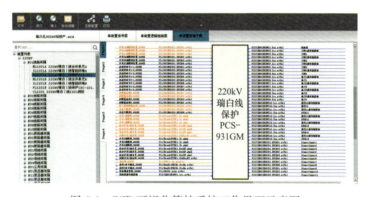

图 6-6　SCD 可视化管控系统工作界面示意图

6.2　永吉变电站电气一次系统

6.2.1　永吉变电站建设规模

220kV 远景出线共计 7 回，本期建成 2 回。依据 DL/T 5218—2012《220kV～750kV 变电站设计技术规程》5.1.6 规定，220kV 变电站中的 220kV 配电装置，当在系统中居重要地位、出线回路数为 4 回及以上时，宜采用双母线接线。本期 220kV 出线 2 回为至城西变电站Ⅰ、Ⅱ线，另根据系统规划 220kV 即将扩建 2 回至城南出线，考虑工程扩建的方便性，及 66kV 疏通含一级负荷，故本期采用双母线接线，设专用母联断路器，本期一次建成。

66kV 远期出线共计 18 回，本期建成 7 回。依据 DL/T 5218—2012《220kV～750kV 变电站设计技术规程》5.1.7 规定，220kV 变电站中的 66kV 配电装置，当出线回路数为 6 回及以上时，可采用双母线接线。另外由于永吉县电网薄弱，66kV 线路没有转供电能力，考虑到若选用单母线分段的电气主接线方式，母线检修时线路陪停会造成永吉县大面积停电，因此本工程 66kV 侧采用双母线接线方式。

永吉变电站建设规模见表 6-1。

表 6-1 　　　　　　　　　　　　永吉变电站建设规模表

序号	项目	本期规模	远期规模
1	主变压器	1×180MVA	3×180MVA
2	220kV 出线	2 回	7 回
3	66kV 出线	7 回	18 回
4	电容器	2 组（20016kvar）	4 组（40064kvar）
5	消弧线圈	3800kvar	—
6	电抗器	—	—

220kV 永吉变电站一次系统主接线图如图 6-7 所示（见书后大图）。

6.2.2　电气总平面布置

依据 DL/T 5218—2012《220kV～750kV 变电站设计技术规程》、《国家电网公司输变电工程通用设计 110（66）～500kV 变电站分册》2011 年版及"两型一化"变电站建设设计导则要求，屋外配电装置布置本着节约占地、安全运行、操作巡视方便、便于检修和安装、节约三材和降低工程造价等设计原则。

220kV 及 66kV 配电装置远景均采用双母线接线，本期即达到最终规模。220kV 北向出线，66kV 南向出线，主变压器位于 220kV 和 66kV 配电装置之间。

1. 220kV 配电装置

220kV 配电装置布置形式一致，参照《国家电网公司输变电工程通用设计 110（66）～500kV 变电站分册》（2011 年版）中 220-D-2 方案的 220kV 模块进行设计，采用支持管型母线中型、罐式断路器单列布置方式，共计 12 个间隔。间隔宽度为 13m，设备相间距离为 3m，母线高度为 9.5m，出线构架高度为 15m。220kV 开关场、母线、构架、避雷针、预留 3 号主变压器上层导线本期一次建成。220kV 侧断面图如图 6-8～图 6-10 所示。

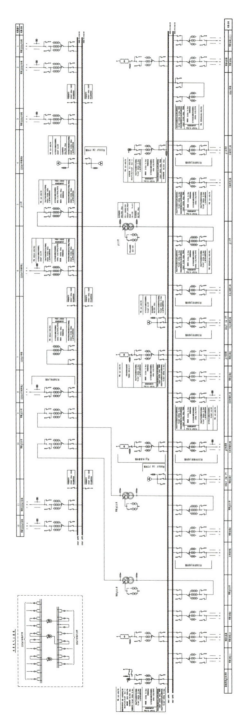

图6-7　220kV永吉变电站一次系统主接线图

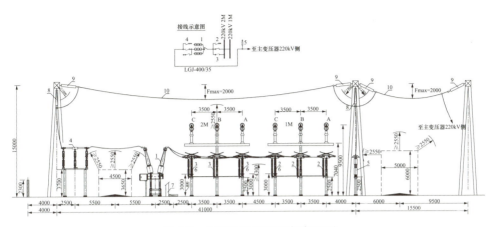

图 6-8　主变压器 220kV 侧断面图

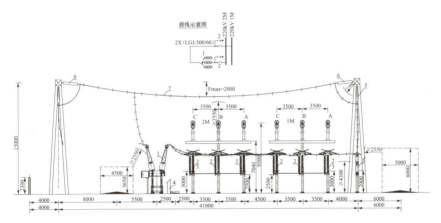

图 6-9　220kV 母联间隔断面图

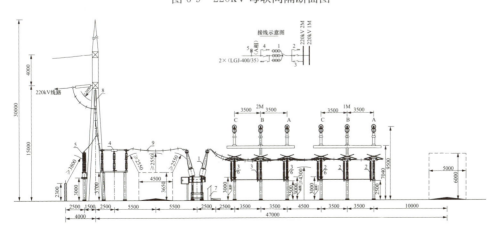

图 6-10　220kV 线路间隔断面图

2. 66kV 配电装置

参考《国家电网公司输变电工程通用设计 110(66)～500kV 变电站分册》（2011年版）中 220-D-2 方案的 66kV 模块，并在其基础上进行了改进。采用支持管型母线中型、罐式断路器单双列混合布置方式。间隔宽度为 6.5m，设备相间距离为 1.6m，母线高度为 7m，出线构架高度为 9.5m。66kV 开关场、母线、出线构架、避雷针本期一次建成。I 母隔离开关采用双柱水平开启式，II 母隔离开关采用单柱双臂垂直伸缩式；主变压器 66kV 侧、母联、出线、接地变压器兼 1 号站用变压器间隔单列布置，共计 24 个间隔；电容器及 TV 间隔采用双列布置。为方便运行，在 66kV 出口侧保留了一条检修道路。66kV 断面图如图 6-11～图 6-14。永吉变电站电气总平面布置如图 6-15 所示。

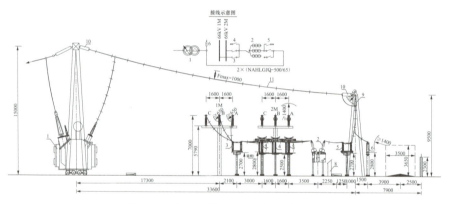

图 6-11　主变压器 66kV 侧间隔断面图

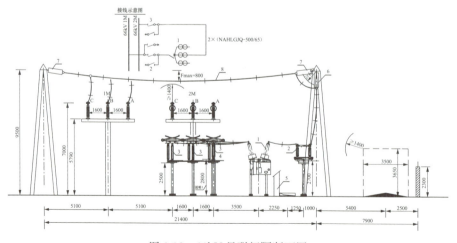

图 6-12　66kV 母联间隔断面图

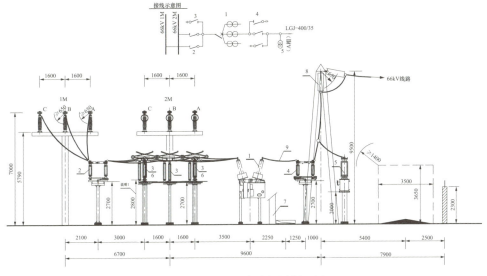

图6-13 66kV线路间隔断面图

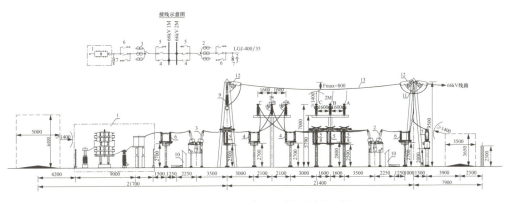

图6-14 66kV线路电容器间隔断面图

6.2.3 电气一次设备选型

1. 主变压器

本工程主变压器采用"变压器本体＋智能组件"结构。变压器本体为三相、两线圈、有载调压和自然油循环风冷电力变压器，额定容量180000kVA，额定电压230±8×1.25％/69kV，主变压器中性点接地方式采用直接接地和间隙接地两种方式。

智能组件主要实现在线监测参量采集功能，包括油色谱、油温、绕组温度、微水、局部放电、铁芯接地电流等。

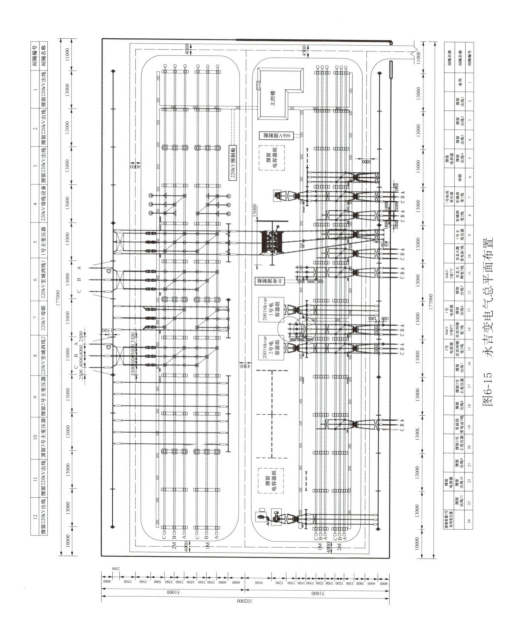

图6-15 永吉变电气总平面布置

2. 断路器及主要电气设备

由于运行方式的需要，双母线接线方式不建议取消母线侧隔离开关。出线侧有大量 "T" 形接线且线路不宜停电，故不建议取消出线侧隔离开关。故在本工程中不建议使用隔离断路器。

针对上述问题，吉林永吉变电站在断路器方面创新采用了集成 ECVT 的新型罐式断路器。在结构上，罐式断路器可采用伴热带的设计解决了 SF_6 低温液化的问题，极寒天气条件下仍可保证罐内温度不低于 $-20℃$。此结构还可将电子式电流/电压互感器安装于断路器出线套管与罐体连接的法兰部位，使电流、电压传感部件嵌套组合成为断路器的一个部件，取消了线路侧电压互感器，既响应了新一代智能变电站深度集成建设的需求，又达到降低制造成本、减小设备占地的目的。

集成 ECVT 的新型罐式断路器（见图 6-16）采用 "罐式断路器＋电子式互感器" 的结构。罐式断路器操作机构采用弹簧操作机构，电流互感器的传感绕组采用的是 LPCT 和罗氏线圈传感器，电压互感器采用同轴电容分压的传感原理。

3. 隔离开关

220kV 隔离开关选用单柱双臂垂直伸缩及三柱水平旋转两种形式，66kV 隔离开关选用单柱双臂垂直伸缩及双柱水平开启两种形式，采用电动并可手动操作机构。

4. 母线电压互感器

220kV 和 66kV 母线电压互感器均选用独立式电子式电压互感器，供测量、保护和同期用，级次组合 0.2S/3P。独立支柱式电子式电压互感器如图 6-17 所示。

图 6-16 220kV 罐式断路器组合电子式互感器　　图 6-17 独立支柱式电子式电压互感器

5. 集合式并联电容器组

依据 GB 50227—2008《并联电容器装置设计规范》，为改善供电质量，补充系统无功功率不足，在变电站 66kV 母线上装设并联电容器组，进行无功补偿，确保 66kV 系统的电压水平在合格范围内。

为进一步节省占地面积，永吉变电站采用集合式并联电容器组（见图 6-18），技术参数为：额定电压 66kV，最高电压 72.5kV，并联电容器组容量 20016kvar，单台电容器容量 417kvar，单台电容器额定电压 10.5kV，接线方式星形接线，电抗器基波电抗值 5%。

图 6-18 集合式并联电容器组

6.3 永吉变电站二次系统配置

6.3.1 电气二次设备布置

考虑永吉变电站工程实际，本站一体化监控系统、一体化交直流电源系统、通信系统安放在装配式建筑内，而二次保护测控设备以二次预制舱设备形式就地安装在一次设备附近。本站选用两种尺寸预制舱，分别为 30、40ft（英尺），屏柜在舱内沿舱体长度方向双列布置于舱体两侧。永吉变电站预制舱屏柜布置如图 6-19 和图 6-20 所示。

为增加舱内的活动空间，屏内装置板前安装，板前接线（见图 6-21），屏柜尺寸优化为 2260mm×600mm×600mm，屏柜前面朝向舱内，取消后门，屏柜后部紧贴舱壁。

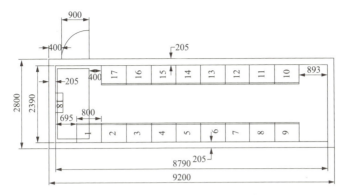

图 6-19   30ft 主变压器舱体屏柜双列布置图

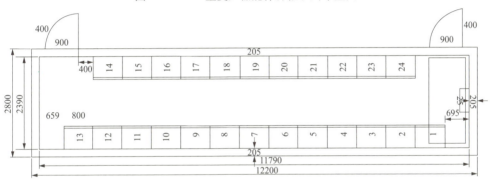

图 6-20   40ft220(66)kV 舱体屏柜双列布置图

图 6-21   板前接线装置组屏图

采用屏柜装置前接线的模式后，屏柜原有的竖排端子取消，屏内装置光电缆出线经预制电缆或预制光缆，直接经过二次设备舱内线缆桥架连接到舱体线缆接口柜中的

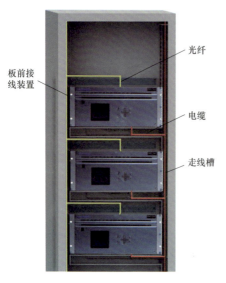

板前接
线装置

光纤

电缆

走线槽

图 6-22 屏柜内部接线方式

集中式连接端子，实现了柜体内"零端子、零光配"的接线模式，节省了屏柜内空间，增加了单个屏柜容纳装置的数量，也降低了屏柜宽度方向所需尺寸，使单位空间内布置更多的屏柜和装置成为可能。屏柜内部接线方式如图 6-22 所示。

预制舱内的走线方式为暗敷。柜内装置与舱体集中接口柜间线缆由防静电地板下方的走向槽行线，在工厂内部完成连接。舱外与舱内线缆连接采用集中式预制光缆或电缆线束连接。

预制舱内配有智能辅助设备，包括烟雾感应器、温湿度，结构监测传感器以及灭火器、门禁系统、空调、消防、暖通、照明等设备，通过舱体智能辅助控制系统服务器的信息监测与智能化处理，实现图像监视、安全警卫、火灾报警，环境监测等子系统间的联动与控制。

6.3.2　电气二次系统配置

（一）变电站继电保护系统

永吉变电站系统保护采用层次化保护控制，由就地级保护和站域级保护控制两个层次组成，预留广域级保护控制接口。永吉变电站 220kV 部分及主变压器就地保护双重化配置，66kV 部分采用单套就地保护和站域保护配置。永吉变电站继电保护配置见表 6-2。

表 6-2　　　　　　　　　　　永吉变电站继电保护配置表

序号	保护类型	说　明
1	主变压器保护	瓦斯保护（主保护）、差动保护（主保护）、复合电压起动过电流保护（后备保护）、接地保护、过负荷保护
2	220kV 线路保护	线路配置双套分相电流差动保护作为主保护，配置多段式相间距离、多段式接地距离保护和零序电流保护作为后备保护
3	66kV 线路保护	66kV 线路配置微机距离保护测控装置各 1 套，采用测保一体设备
4	220kV 母线保护	配置微机母线保护装置两套

续表

序号	保护类型	说 明
5	66kV 母线保护	配置微机母线保护装置 1 套
6	220kV 母线保护	母联保护装置两套,该装置具有母联充电保护、母联过电流保护功能
7	66kV 母联保护	母联保护装置两套,该装置具有母联充电保护、母联过电流保护功能
8	并联电容器组保护	过电压保护、桥式差电流差动保护
9	站用变压器保护	瓦斯保护、电流速断保护、过电流保护(后备保护)
10	站域级保护	配置站域级保护两套,具有低周低压减负荷、主变压器过载联切负荷及 66kV 线路备自投功能,实现站内 66kV 系统保护的冗余和优化
11	故障录波	按电压等级配置故障录波装置 4 套,录取 220、66kV 母线电压、线路、主变压器电流及相关开关量

(二)变电站自动化系统

智能变电站自动化系统是运行、保护和监视变电站一次设备。变电站自动化系统的功能是指必须在变电站执行的任务。这些功能完成变电站的设备及其馈线监视、控制、保护。永吉变电站在逻辑功能上由站控层、间隔层和过程层设备组成,并应用分层、分布、开放式的以太网络实现连接,整个二次系统体系为"三层两网"结构,即由站控层网络实现站控层设备和间隔层设备的连接,由过程层网络实现间隔层设备和过程层设备的连接。各层设备主要包括:

1. 站控层设备

站控层由监控主机、远动通信装置和其他各种二次功能站构成,提供站内运行的人机联系界面,实现管理控制间隔层、过程层设备等功能,形成全站监控、管理中心,并与调度(调控)中心通信。

(1)监控主机。负责站内各类数据的采集、处理,实现站内设备的运行监视、操作与控制、信息综合分析及智能告警,集成防误闭锁操作工作站、保护信息子站、PMU 等功能。监控主机双重化配置,操作员站、工程师工作站与监控主机合并。

(2)Ⅰ区数据通信网关机。集成多种通信方式,提供面向主站的实时数据服务和远程数据浏览,支撑调控一体化业务需求。新型网关机集成了 PMU 集中控制器功能,优化软、硬件设计和存储逻辑,提高存储效率,防止因长时间、大容量数据存储导致的存储速度降低,进而引发应用程序丢数据,甚至死机或存储介质损坏。通过专用通道向调度(调控)中心传送实时信息,同时接收调度(调控)中心的操作与控制命

令。Ⅰ区数据通信网关机双重化配置，兼具图形网关机功能。

（3）Ⅱ区数据通信网关机。实现Ⅱ区数据向调度（调控）中心的数据传输，具备远方查询和浏览功能。Ⅱ区数据通信网关机双套配置。

（4）Ⅲ/Ⅳ区数据通信网关机。与 PMS、输变电设备状态监测等其他主站系统通信，实现相关信息的统一上送。Ⅲ/Ⅳ区数据通信网关机单套配置。

（5）综合应用服务器。实现与电能质量监测、状态监测、故障录波、辅助系统等设备（子系统）的信息通信，通过统一处理和统一展示，实现其运行监视、控制与管理等功能。

2. 间隔层设备

间隔层由若干个二次子系统组成，包括测控装置、保护装置、电能计量装置以及其他智能接口设备等。在站控层及站控层网络失效的情况下，仍能独立完成间隔层设备的就地监控功能。

测控装置按照 DL/T 860 建模，具备完善的自描述功能，与站控层设备直接通信。支持通过 GOOSE 报文实现间隔层防误联闭锁和下发控制命令功能。220kV 电压等级及主变压器采用保护、测控独立装置，66kV 电压等级采用保护、测控一体化装置。新型测控装置实现传统的测量与控制、PMU 同步向量和非关口网关计量等功能，220kV 采用多功能测控装置，66kV 侧采用保护测控计量一体化装置。

3. 过程层设备

过程层由电子式互感器、合并单元、智能终端等构成，完成与一次设备相关的功能，包括实时运行电气量的采集、设备运行状态的监测、控制命令的执行等。

（1）双重化配置保护所采用的电子式电流互感器带两路独立采样系统，单套配置保护所采用的电子式电流互感器带一路独立采样系统。全站母线电子式电压互感器及220kV 线路出口电子式电压互感器带两路独立采样系统，66kV 线路出口电子式电压互感器带一路独立采样系统。每路采样系统采用双 A/D 系统，接入合并单元。

（2）合并单元接收、合并本间隔的电流或电压采样值。220kV 线路（母联）间隔合并单元双重化配置；66kV 各间隔合并单元、智能终端集成单套配置；主变压器各侧、中性点合并单元双重化配置；220、66kV 采用双母线接线，按双重化配置 2 台母线电压合并单元。

（3）智能终端。220kV（除母线外）智能终端双重化配置，220kV 母线智能终端单套配置；主变压器高、低压侧智能终端双重化配置，本体智能终端单套配置。

变电站网络在逻辑上由站控层网络和过程层网络组成。

1. 站控层网络

站控层网络是间隔层设备和站控层设备之间的网络,实现站控层内部以及站控层与间隔层之间的数据传输。站控层网络采用星形结构,站控层交换机连接监控主机、数据通信网关机、数据服务器、综合应用服务器等设备。

2. 过程层网络

过程层网络用于间隔层和过程层设备之间的数据交换,按电压等级配置,采用星形结构,保护装置与本间隔的智能终端设备之间采用点对点通信方式;本站 SV 不单独组网,保护装置 SV 数据以点对点方式传输,测控装置及故障录波装置 SV 数据与GOOSE 网共网传输。

(三)变电站交直流一体化系统

1. 交直流一体化系统方案

本站采用交直流一体化系统,与交流屏集中组屏,为了保证对变电站各主要元件的控制、保护、自动装置、故障录波及事故照明负荷供电,本工程设置集中式直流系统,按双重化配置。系统的总监控装置应通过以太网通信接口采用 DL/T 860 规约与变电站后台设备连接,实现对一体化电源系统的远程监控维护管理。

全站共设置 220V 蓄电池两组,每组蓄电池容量为 500Ah,配置两套微机型高频开关电源。直流系统采用单母线分段接线,每段母线接一组蓄电池和一套充电设备,并有防止两组蓄电池并联运行的闭锁措施。采用辐射状供电方式,直流馈线屏及充电设备均集中布置在预制舱二次组合设备室内。

2. 充电(浮充电)设备及直流馈线屏选择

直流电源采用两套智能高频开关操作电源,提供高质量、高效率、高智能的直流电源,延长蓄电池的使用寿命,其智能监控元件可通过 RS-485 串口与站内监控系统通信,实现"四遥"功能。每组蓄电池设蓄电池在线检测装置 1 套,可实时检测每节蓄电池的电压、电流、温度及容量等参数。

3. UPS 电源

全站设两套 UPS 电源互为备用,为站内计算机监控系统、关口表等装置提供不间断的高质量交流电源,输出容量各 10kVA。UPS 电源在交流消失时使用的直流电源取自全站公用的 220V 蓄电池组。

4. 通信电源

通信电源采用直流变换电源（DC/DC）装置供电。全站配置两套直流变换电源装置，采用高频开关模块型，n+1冗余配置。

5. 一体化电源系统总监控装置

总监控装置为一体化电源系统的集中监控管理单元，收集整理各子电源监控单元与成套装置中各监控模块的信息，上传至变电站站控层设备。图6-23所示为一体化电源监控信号界面。

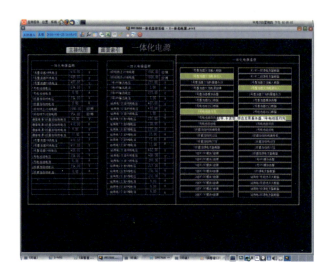

图6-23 一体化电源监控信号界面

（四）变电站其他二次系统

1. 全站时间同步系统

1）全站配置1套公用的时间同步系统，主时钟双重化配置，支持北斗系统和GPS标准授时信号，时钟同步精度和守时精度满足站内所有设备的对时精度要求。

2）站控层设备采用SNTP对时方式。

3）间隔层和过程层设备采用IRIG-B对时方式。

4）主时钟应提供通信接口，负责将装置的运行情况、同步或失步状态等信息上传，实现对时间同步系统的监视及管理。

全站时间同步系统界面图如图6-24所示。

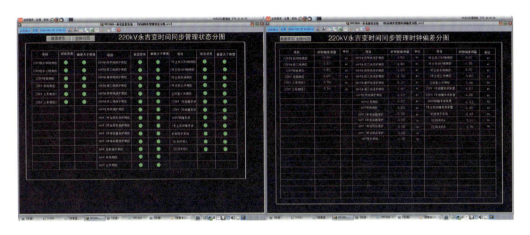

图 6-24　永吉变电站全站时间同步系统界面图

2. 一次设备状态监测

状态监测范围包括主变压器、罐式断路器、金属氧化物避雷器；本站设备状态监测按照规程 Q/GDW 393—2009《110(66)kV～220kV 智能变电站设计规范》执行。状态监测 IED 按照电压等级和设备种类进行配置，按间隔、多参量共用状态监测 IED，就地布置于各间隔智能控制柜。全站监测范围与参量见表 6-3。

表 6-3　　　　　　　　　　　　永吉变电站状态监测范围及参量表

监测设备名称	主变压器	罐式断路器	金属氧化物避雷器
监测参量	油中溶解气体	SF_6 气体密度、微水	泄漏电流、动作次数

3. 辅助控制系统

本工程对变电站配置 1 套智能辅助控制系统，实现图像监控、火灾报警、消防、照明、采暖通风等系统的智能联动控制，简化系统配置。智能辅助控制系统包括智能辅助系统平台、图像监视及安全警卫设备、火灾自动报警设备、环境监控设备等。

智能辅助系统平台采用 DL/T 860 标准通信，实时安全警卫、人员出入、火灾报警等各终端装置上传的信息，分类存储各类信息并进行分析、判断，实现辅助系统管理和监视控制功能。

变电站采用 1 套激光感烟火灾智能预警系统，通过采样管中的感应点来探测室内情况，并将事故及报警信号经过 RS 485 通信口上传至综合自动化系统。电缆沟采用智能型光纤测温系统，用一个后台实现控制及报警。

全站设1套图像安全监视系统。本设计考虑在站内大门、主变压器及66kV场地、220kV配电装置、66kV配电装置、计算机室、通信机房、继电器小室等重要区域设置视频及报警监视，在站内周围墙上安装红外对射探头，在重要出入大门安装门磁报警装置，在主控制室布置图像监视主机并预留远期扩建摄像设备的接口。

6.4   一体化业务平台深入应用

永吉变电站提升了智能告警、告警直传、远程浏览、时间同步检测管理等高级应用的实用化水平，基于一体化业务平台逐步实现不同厂家高级应用功能的互操作。提升变电站运行维护的效率，确保变电站运行的安全可靠。

6.4.1   智能告警

为了消除无效告警并减少重要告警丢失，永吉变电站采取了智能告警技术，减少了运行人员的监控负担，帮助运行人员及时对故障做出判断并采取正确的处理措施。智能告警通过建立变电站的逻辑模型并进行在线实时分析，实现变电站告警信息的分类分组、告警抑制、告警屏蔽和智能分析，自动报告变电站异常并提出故障处理指导意见，也为主站分析决策提供依据。

智能告警技术模块能够快速高效地产生、处理和传输告警信息，迅速判断出告警的性质和范围；支持图、声、光等多种告警方式，提示符合变电站、调度（调控）运行人员监视习惯的信息；支持多个告警的关联性分析，能够识别典型变电站操作和异常；正确记录、存储和查询告警信息且不允许人工修改；支持单项功能的投退。

告警信息分为事故、异常、变位、越限、告知五类。按照对告警信息不做响应所产生后果的严重程度和紧迫程度，分为高、中、低三个优先级。对于不同设备产生的反映同一事件的冗余告警，只告警一次；抑制操作过程中产生的正常过程信号；当出现"雪崩"时，抑制大部分非关键告警，只保留高优先级的告警，自动消除重复的告警信息。如果重复告警长时间反复出现，作为异常处理。当设备检修或试验时，自动屏蔽检修品质位"置1"的告警信息；对于挂上故障或退出运行标识牌的设备，自动屏蔽其告警信息；以醒目的标志提示运行人员进行了屏蔽操作，以防运行人员遗忘。原始告警记录和智能告警记录应保存在历史数据库中，不允许人工修改，应记录所有针对告警信号的屏蔽和人工确认等操作，支持导出 TXT 和 XML 格式的故障报告，导出范围可自定义，支持多种告警记录查询方式。

告警展示支持多页面显示，包括原始告警信息、普通信息、预告信息、事故信息、检修、未复归告警、待处理告警等页面，支持告警信号过滤及屏蔽。

告警配置支持分析 SCD 文件自动获取变电站拓扑和一、二次设备关联告警信号及名称，提供智能告警逻辑配置工具。

6.4.2　告警直传、远程浏览

永吉变电站"告警直传"以变电站监控系统的单一事件或综合分析结果为信息源，信息分为事故、异常、变位、越限、告知五类，参考标准化信息格式，经过分类整理、归并、优化处理后，生成标准的告警条文，经由告警直传转发模块，以 DL 476 等规约文本格式传送到调度主站，分类显示在相应的告警窗并存入告警记录文件。告警直传动态链路如图 6-25 所示。

"远程浏览"是通过提供远程浏览的手段实现变电站全景信息监视，调度监控值班员或运维人员需要监视变电站运行信息时，通过"KVM、远方终端、图形网关"等方式直接浏览变电站内完整的图形和实时数据。变电站通过

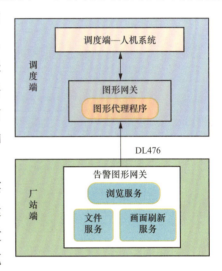

图 6-25　告警直传动态链路图

DL 476 或 IEC 104 等规约协议获取站端的 CIM/G 格式图形文件和画面实时数据，实时查看变电站监控后台图形界面。实时数据采用图形内部索引方式，数据编号直接对应 IEC 61850 路径，并通过间隔层网络从装置获取数据。远程浏览动态链路如图 6-26 所示。

6.4.3　时间同步监测管理

永吉变电站监控主机作为时钟装置、测控装置、故障录波装置、智能终端的管理端，测控装置作为合并单元、智能终端的管理端。管理端采用轮询方式进行监测，全站轮询周期可调（建议为一小时）。当管理端询到某装置一次监测值越限时，以 1s/次的周期连续监测 5 次，并对 5 次的结果去掉极值后平均，平均值超越限值则认为被监

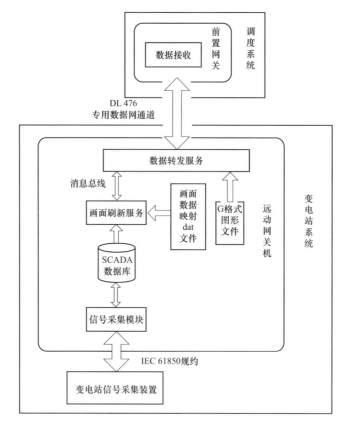

图 6-26　远程浏览动态链路图

测对象时间同步异常。当管理端发现被监测设备时间同步异常时，管理端即生成告警信息，并通过告警网关机或数据通信网关机上送相应调控中心。

（1）测控装置时间同步管理的实施方案。测控装置和变电站监控系统已具有网络通道，监控主机可对测控装置直接进行管理。采用 NTP/SNTP 协议实现时间监测管理功能，同时测控装置具备对多个过程层设备进行时间同步监测管理功能。过程层设备的时间状态自检信息通过测控装置以遥信方式上送站控监控主机，时间检测精度数据通过测控装置以遥测类型上送站控层监控主机。

（2）保护、故障录波装置的时间同步监测管理实施方案。保护、录波装置与一体化监控系统主机间可直接通信，装置支持基于 NTP 的时间同步管理。故障录波装置时间监测报文中的时间是装置录波功能模块对应的实际时间。

（3）过程层装置的时间监测管理实施方案。监控主机通过测控装置间接管理过程层设备，测控装置通过基于 GOOSE 的管理报文监测过程层设备的时间同步状态，再将结果报告监控系统主机，以合并单元时间监测管理为例，其实施方案如图 6-27 所示。

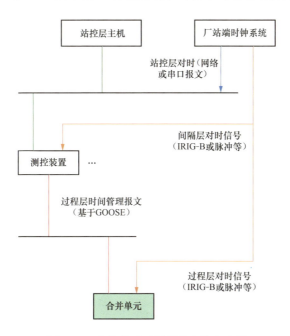

图 6-27　合并单元时间管理实施方案图

支持收发 GOOSE 的 MU 设备，典型应用如图 6-28 所示。

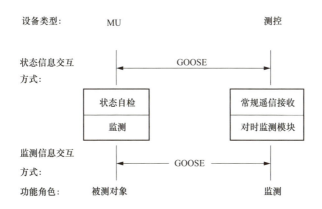

图 6-28　支持收发 GOOSE 的时间同步管理典型应用示意图

（4）时钟装置的时间监测管理实施方案。永吉变电站时钟装置通过网络方式接入变电站监控系统，以使监控主机能够对时钟装置进行管理。时间同步系统支持自检状

态数据上送，传输规约在智能站中采用 DL/T 860MMS。时间同步装置的 NTP 服务，分别响应正常 NTP 对时请求和来自监控主机地址的标识为 TMMS 的偏差监测请求。

6.5 智能变电站辅助工具应用

6.5.1 设计配置一体化工具

智能电网进入全面建设阶段，传统的常规设计和管理模式已难以适应智能变电站的设计要求，永吉变电站采用图模一体化技术，应用设计配置一体化工具，实现了二次虚回路设计和 SCD 配置的有效集成。设计配置一体化工具主要由 AutoCAD 软件、Office 办公软件以及数据库软件构成，通过对 AutoCAD 二次开发，完成三大组件软件之间的交互。工程设计时，主要输入内容是主接线图，装置的 ICD 文件或虚端子表，经过设计配置一体化工具进行配置后，可以自动化输出所需资料。如图 6-29 所示。

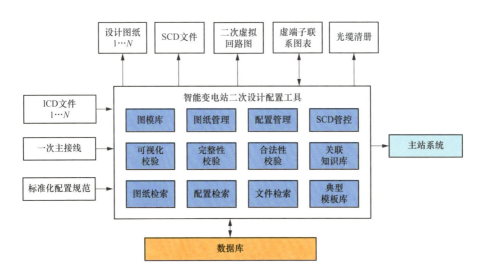

图 6-29 设计配置一体化工具基本组件构成

利用设计配置一体化工具进行智能变电站设计时，每一设计配置环节，均满足标准化设计要求，并可按地区特殊要求完成差异化设计，操作可按照如图 6-30 所示工作流程进行。

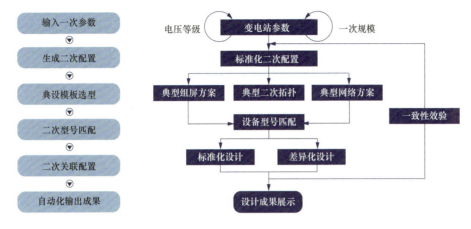

图 6-30 设计配置一体化工具操作流程

利用图模一体化设计技术，实现二次虚回路设计可视化；通过工具规范二次设计流程，虚拟回路和物理回路的自动化校核技术，减少配置错误的产生；通过标准库、历史库和典型方案库，实现工程设计的快速取用；通过模块内设计、模块间组合的功能，实现统一模式、统一标准、资源共享、整合设计移交全过程功能、提高设计效率的目标，适应新一代智能变电站二次系统设计移交的发展和需求。

6.5.2 SCD可视化及管控工具

随着国家电网公司智能电网建设不断推进和深入，智能电网已进入全面建设阶段，但传统的调试、运行、维护模式已难以适应智能变电站的管理要求，智能变电站在建设和运维过程中存在诸多突出问题，如二次虚回路配置"看不见、摸不着"，运维人员不能快速了解虚回路的工作情况；SCD文件升级或装置检修的影响范围难于界定，受限于调试人员的专业水平和调试经验；SCD文件过程版本繁多，易造成取用混乱，SCD版本管理缺少有效的技术手段；智能站改造、扩建过程中，现场如何尽量缩小停电范围，并确保在运设备安全可靠运行，目前缺乏相应的技术手段或工具进行验证。

针对目前智能变电站建设和运维过程中存在的问题，永吉变电站应用SCD可视化及管控系统工具，工具以SCD文件可视化、SCD过程管控以及SCD文件比对为主要内容，实现了虚拟回路的可视化、管控校验的自动化、版本差异的图形化。不仅规范了智能变电站的二次系统信息模型管理界面，同时还提升了工程建设质量和标准化

水平，为智能站运行维护创造了便利条件。

（1）SCD 文件可视化单装置信号图。导入工程 SCD 模型文件，无需任何编辑配置，系统会自动按电压等级及间隔分类显示；兼顾传统应用展示习惯，装置间关联信息简洁明了。单装置信号图界面如图 6-31 所示。

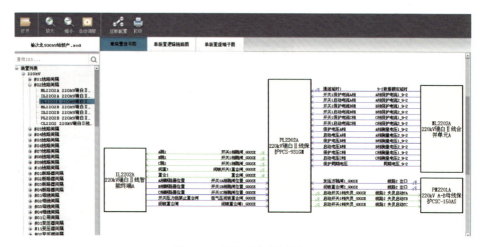

图 6-31　单装置信号图界面

（2）SCD 文件可视化逻辑链路图。可视化 IED 设备间通信回路，将虚拟回路的逻辑链路与物理链路有效融合，方便运维人员快速查阅网络通信参数及通信回路内的关联信息。单装置逻辑链路图界面如图 6-32 所示。

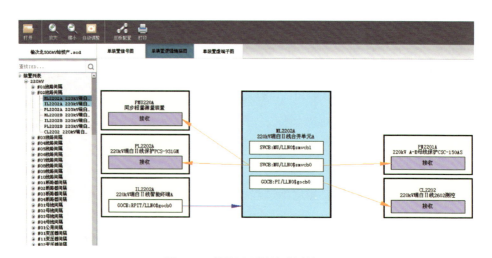

图 6-32　单装置逻辑链路图界面

（3）SCD文件可视化单装置虚端子图。以单装置为单位，通过颜色区分已连接和未连接的虚端子信息，方便调试人员对装置配置信息查阅及配置编辑维护。单装置虚端子图界面如图6-33所示。

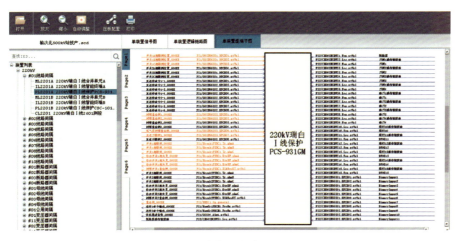

图6-33　单装置虚端子图界面

（4）SCD文件版本过程管控。工具通过归档的形式提供变电站内各SCD历史版本信息查询功能，通过升级或历史比对方式输出《装置配置升级报告》，可有效解决全站SCD配置文件与各IED设备配置文件一致性问题；系统可提供归口管理，用户可自定义制定流程和沟通权限。系统可选择采用浏览器/服务器（B/S）模式提供集中式访问服务，实现区域内SCD离线管控。配置文件离线管理流程如图6-34所示。

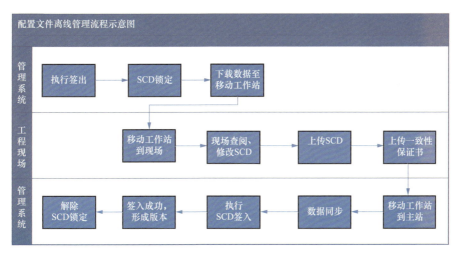

图6-34　配置文件离线管理流程图

（5）SCD 不同版本文件对比。系统以图形化方式解决 SCD 各版本之间差异化问题，有效界定配置更改范围，确保改扩建过程中其他在运行设备安全可靠运行。

6.6　工艺改进与完善

在永吉新一代智能变电站建设实施过程中，总结了电容器储油池排水系统、挡土墙排水设施、装配式围墙的工艺配合、航空插头的合理使用、高寒地区预制舱外观设计等方面经验，为后续高寒地区新一代智能变电站的建设提供参考。

6.6.1　电容器储油池排水系统

考虑到气候环境和降水量，东北地区电容器储油池普遍未设置排水系统，只简单依靠渗排水，这容易造成在降雨量较为集中的季节水满外溢。如果此时发生事故，会使绝缘油外泄，污染土地。使事故的后期处理变得困难。故建议考虑设计排水系统，添加排水阀门，保持储油池及时排水和干燥。当发生事故时，将阀门关闭，避免造成污染。

6.6.2　挡土墙排水设施

应用于高寒地区的挡土墙，排水处理是否得当直接影响到挡土墙的安全及使用效果，疏干墙后坡料中的水分可有效减小冬季填料的冻胀压力。挡土墙的排水设施通常分为地面排水和墙身排水两部分组成。地面排水可设置地面排水沟，引排地面水；夯实回填土顶面和地面松土，防止雨水和地面水下渗，必要时可加设铺砌。墙身排水在墙身的适当高度处布置泄水孔，建议泄水口出口处采用面石并设置引流口以控制排水流向。

6.6.3　装配式围墙的工艺配合

装配式围墙施工过程大致分为墙体建设、压顶和电子围栏的安装三个阶段。如果施工周期配合不够紧密，将严重影响施工质量，例如墙体建设完毕未压顶前，若被雨水淋湿，将导致墙体泛碱，影响使用寿命；安装电子围栏后若对打孔处防水措施处理不当，日后雨水会渗透进墙体中造成泛碱。因此在装配式围墙建设过程中，应注意施工工艺配合，提高施工质量。

6.6.4　航空插头的合理使用

变电站信号监测、仪表显示、继电保护、控制和操作回路、报警等均采用光缆或电缆的连接模式，其中光缆采用航空插头可减少现场熔接工作，实现快速可靠连接，因此在新一代智能变电站中得到广泛使用。

鉴于航空插头的优势，个别生产厂家尝试将其应用于控制电缆替代原有的端子排连接模式。而控制电缆因硬度高会造成航空插头连接处应力大，容易造成壳体内接触体插针或插孔与导线松脱，很难实施壳体内导线的更换修理。因此为了便于运维检修，应根据工作对象和运行环境，因地制宜地选择连接方式。

6.6.5　高寒地区预制舱外观设计

为适应高寒地区环境，预制舱需考虑屋顶除雪，通常采用坡屋顶。高寒地区的预制舱外观设计主要是屋顶外观设计。坡屋顶的形式和坡度主要取决于建筑平面、结构形式、屋面材料、气候环境、风俗习惯和建筑造型等因素，因此预制舱外观可参考使用地区建筑风格设计，达到美观、融入环境的效果。

第7章

高 寒 地 区 应 用 技 术

7.1　高寒地区预制舱设计与应用

中国的国土幅员辽阔，气候特征更是气象万千，不同地域的环境条件差异很大。比如中国北方冬天气温严寒，中国南方夏季高温日照灼热，西部的沙尘、东南部的潮湿和台风加强降雨等。另外空气中的污染物，像酸雨、盐雾、工业粉尘，以及电磁干扰，时刻都会对户外设备带来有害影响。

目前，智能化变电站二次设备对环境温湿度、抗电磁干扰能力等要求较高，当它们集中布置于二次设备室时，由于二次设备室良好的温湿度环境和抗电磁干扰能力，可以保证这些二次设备的安全可靠运行和较长的使用寿命。但当它们下放一次设备场地就地化布置时，外部的温湿度环境和电磁干扰影响都远比二次设备室恶劣，尤其在户外 GIS 和 AIS 站中，这一情况将更加严重。因此，二次设备如需在户外环境下稳定可靠运行就必须针对上述制约条件进行专项研究与合理设计，为这些设备提供接近室内的工作环境和全方位的防护。

模块化建设着重体现了新一代智能变电站建设目标中的"系统高度集成、结构布局合理、经济节能环保"。二次设备预制舱是国家电网公司在新一代智能变电站模块化建设中重点应用的体现，通过采用预制舱式二次组合设备可最大程度实现二次设备在工厂内规模生产、集成调试，减少现场接线和调试工作，提高建设效率。

由于第一批新一代智能变电站试点均设立在北京以南地区，全年气温高，寒暑变化不大。而与已投入使用的二次设备预制舱比较而言，用于东北地区的预制舱，需要结合东北严寒高纬度地区环境条件，提出有针对性的解决措施，包括预制舱的保温与节能通风措施，坡顶设计的融雪、除雪措施，以及适应严寒天气的预制舱防腐与防冻措施等。

7.1.1　预制舱结构设计

1. 预制舱骨架设计

（1）底座。采用田字形或井形网格结构，满焊连接，上下两面都与 3mm 厚钢板焊连接成整体；底座内部填充岩棉隔热材料。预制舱底座骨架设计如图 7-1 所示。

（2）墙体。立柱与横檩条组成矩阵用拉杆连成整体，再用角铁斜撑组成三角结构

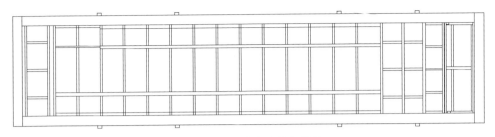

图 7-1　预制舱底座骨架设计

加强。预制舱墙体骨架设计如图 7-2 所示。

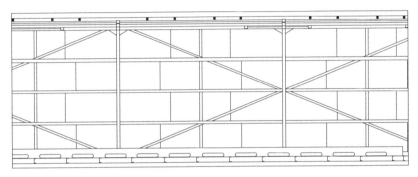

图 7-2　预制舱墙体骨架设计

（3）顶梁。采用田字形网格结构，满焊连接，再用角钢斜撑与 M16 拉杆连接成一片，然后，在外表面用 1.5mm 厚钢板焊连接成整体，提高整体牢固度。预制舱顶梁骨架设计如图 7-3 所示。

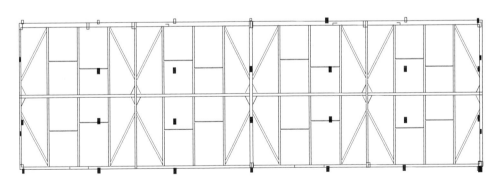

图 7-3　预制舱顶梁骨架设计

（4）顶棚。内部骨架采用三角形网格结构，满焊成整体，再用横檩条与骨架连接成一片，最后，在外部，用 1.5mm 厚钢板安装而成。预制舱顶棚骨架设计如图 7-4 所示。

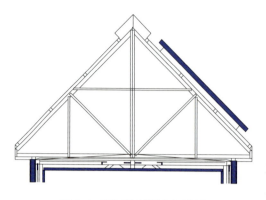

图 7-4　预制舱顶棚骨架设计

2. 预制舱材料选型

预制舱体骨架选用型钢。内墙板选用优质热镀锌板，材料机械性能完全能满足轻钢结构强度要求。考虑吉林 220kV 永吉变电站所在地区为严寒地区，钢材选用 Q345，为低合金钢，塑性和焊接性能良好，低温性能好，可用于 −40℃ 以下环境，相比 Q235 材质，Q345 综合力学性能更好（强度较高、加工和焊接工艺较好），并具有较好的耐磨、耐蚀、耐低温性能。舱体材料细分选型见表 7-1。

表 7-1　　　　　　　　　　　舱 体 材 料 细 分 选 型

结构部件	材料选型
底座骨架	底座：250×250×14H 形钢 屏柜支撑：30a♯槽钢 舱底封板：3.0—Q345 冷板（双层） 舱底内部材料：岩棉
墙体骨架	立柱：100×150×6 扁通，100×100×5 方通，100×60×4 扁通 横檀条：60×60×3 方通 角筋：40×5 等边角铁
屋顶骨架	横梁：60×60×3 方通 角筋：40×5 等边角铁 加强拉杆：φ16 圆钢
顶棚	横梁：40×40×1.5 方通 角筋：50×30×3 不等边角铁 顶板：1.5—Q345 冷板
内墙板	采用岩棉夹心板（内外都为 0.5mm 彩钢板，芯材采用防火性能高于二级的岩棉）
外墙板	采用复合板材料，从外到内，采用金邦板、防水透气膜、岩棉板、欧松板

7.1.2　高寒地区二次预制舱有限元分析

高寒地区二次预制舱有限元分析软件采用 MIDAS/FEA 软件，它采用尖端的计算机图像处理技术，是在 Windows 环境下开发的新概念非线性详细分析专用软件。MI-DAS/FEA 软件提供了更直观、更多样化的建模方式、更强大的分析功能并利用最新的求解器获得了更快的分析速度，其卓越的图形处理功能为设计人员提供了美观多样的分析结果。另外，MIDAS/FEA 在开发阶段通过验证例题，将其计算结果与理论值结果以及其他程序的计算结果进行了比较、验证，并通过在大量的工程项目上的运用，证明了其准确性和高效性。

永吉变电站主要在风载荷分析、雪压载荷分析、吊装分析、抗震分析四个方面进行有限元仿真。

1. 分析背景

（1）模拟预制舱在最大风压 $0.85kN/m^2$ 的载荷正面吹袭情况下，整个模型所受的最大应力位置以及数值，根据材料的屈服强度估算出模型所能承受的最大风压。

（2）模拟预制舱在最大雪压 $0.85kN/m^2$ 的载荷作用在屋顶时候，整个模型所受的最大应力位置以及数值，根据材料的屈服强度估算出模型所能承受的最大雪压载荷。

（3）模拟舱体在吊装状态下各部件所受最大应力状况。

（4）模拟预制舱在地震烈度等于 8（水平加速度为 0.4g）的情况下，模型各部件最大应力是否超过屈服强度。

有限元仿真分析的材料参数见表 7-2。

表 7-2   材 料 参 数

材料名称	密度（kg/m³）	弹性模量（MPa）	泊松比	屈服强度（MPa）
欧松板	700	6000	0.3	1
金邦板	1500	3900	0.32	14
Q235 钢	7900	206000	0.29	235
Q345 钢	7850	206000	0.28	345
岩棉	180	6.2	0.3	0.7

2. 有限元建模

整体模型如图 7-5 所示，零部件建模如图 7-6 所示。

图 7-5　整体模型

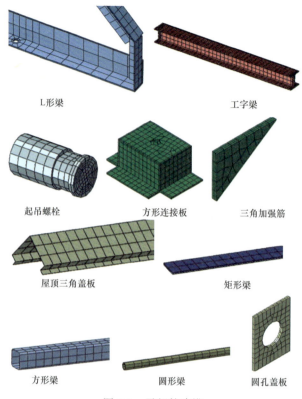

L形梁

工字梁

起吊螺栓

方形连接板

三角加强筋

屋顶三角盖板

矩形梁

方形梁

圆形梁

圆孔盖板

图 7-6　零部件建模

3. 风载荷分析

（1）分析工况。

分析条件：表面风压为 0.85kN/m^2（0.00085MPa），吹风面积为整个竖直墙正面＋屋顶正面。舱体受力面积及风向示意图如图 7-7 所示。

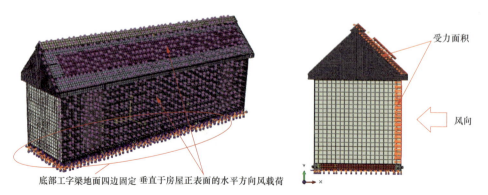

受力面积

风向

底部工字梁地面四边固定 垂直于房屋正表面的水平方向风载荷

图 7-7　舱体受力面积及风向示意图

（2）总体风载应力结果。预制舱舱体总体模型、框架模型及风载应力结果仿真示意图如图 7-8 和图 7-9 所示。预制舱风载零部件应力图如图 7-10～图 7-15 所示。

图 7-8　总体模型

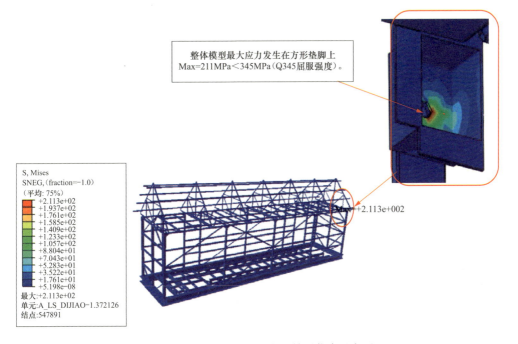

整体模型最大应力发生在方形垫脚上
Max=211MPa＜345MPa（Q345屈服强度）。

图 7-9　框架模型及风载应力结果仿真示意图

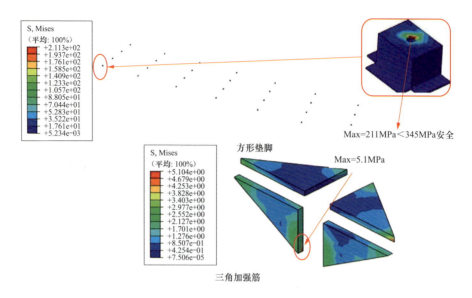

图 7-10　风载零部件应力图（一）

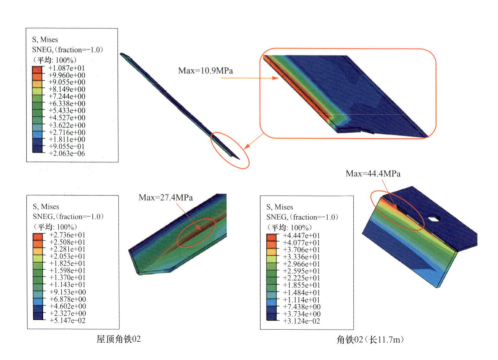

图 7-11　风载零部件应力图（二）

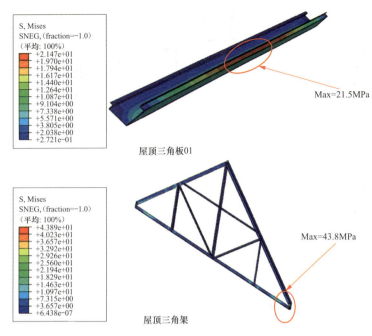

图 7-12 风载零部件应力图（三）

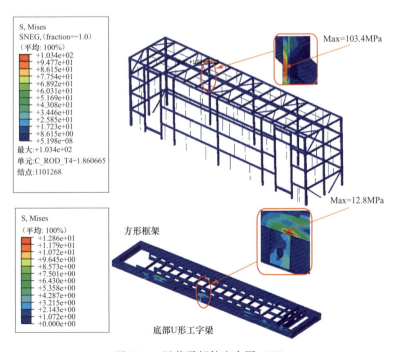

图 7-13 风载零部件应力图（四）

191

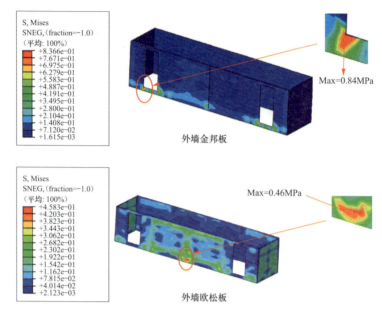

图 7-14   风载零部件应力图（五）

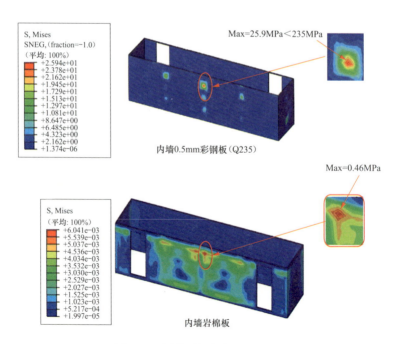

图 7-15   风载零部件应力图（六）

（3）结果结论

从 $0.85kN/m^2$ 风载工况可以看出：模型最大应力出现在屋顶顶棚的方形垫脚上，最大值为 211MPa，小于 Q345 的屈服强度 345MPa。其余材料部件上的应力远小于相关材料的屈服强度，安全。根据材料在屈服前的线性关系，最大应力达到材料的 345MPa 屈服强度的时候最大风压为 $345×0.85/211=1.38$（kN/m^2）。

4. 雪压载荷分析

（1）分析工况。

分析条件为：雪压载荷为 $0.85kN/m^2$（0.00085MPa），雪压面积是整个屋顶斜面。舱体雪压载荷工况示意图如图 7-16。

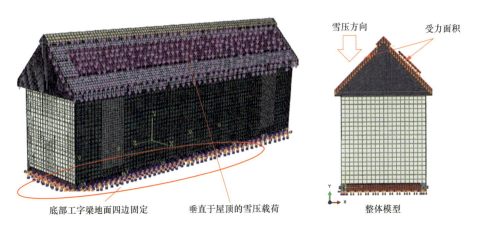

图 7-16　雪压载荷工况示意图

（2）雪压载荷应力结果。预制舱舱体总体模型、框架模型及雪压载荷应力示意图如图 7-17 所示。预制舱雪压载荷零部件应力图如图 7-18～图 7-23 所示。

（3）结果总结。从 $0.85kN/m^2$ 雪压工况可以看出：模型最大应力出现在屋顶顶棚的方形垫脚上，最大值为 207MPa 小于 Q345 的屈服强度 345MPa。其余材料部件上的应力远小于相关材料的屈服强度，安全。

根据材料在屈服前的线性关系，最大应力达到材料的 345MPa 屈服强度时，最大雪压为 $345×0.85/207=1.41$（kN/m^2）。

5. 吊装分析

（1）分析工况。分析条件：重力加速度：$9.81m/s^2$。预制舱舱体吊装工况分析示意图如图 7-24 所示。

图 7-17　雪压载荷应力示意图

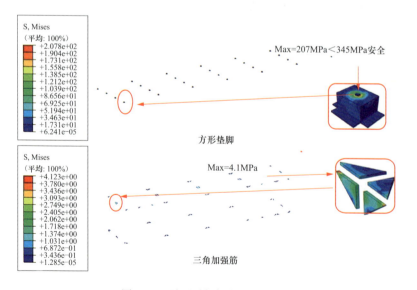

图 7-18　雪压零部件应力图（一）

（2）吊装应力结果。预制舱舱体总体模型、框架模型及吊装应力示意图如图 7-25 所示。预制舱吊装零部件应力图如图 7-26～图 7-31 所示。

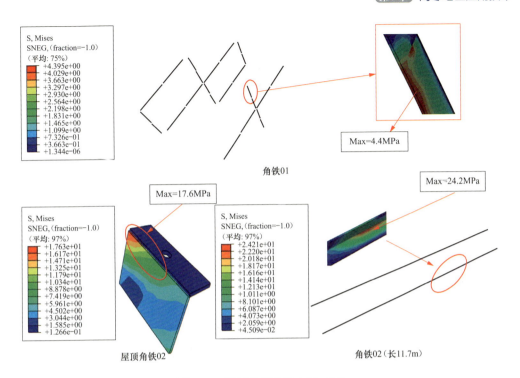

图 7-19　雪压零部件应力图（二）

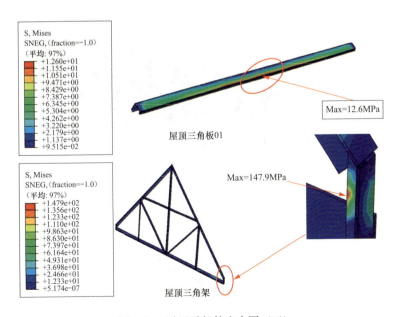

图 7-20　雪压零部件应力图（三）

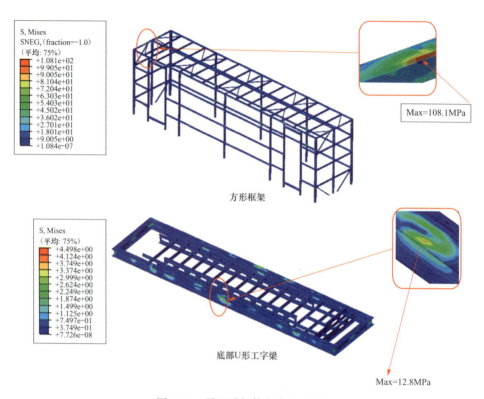

图 7-21　雪压零部件应力图（四）

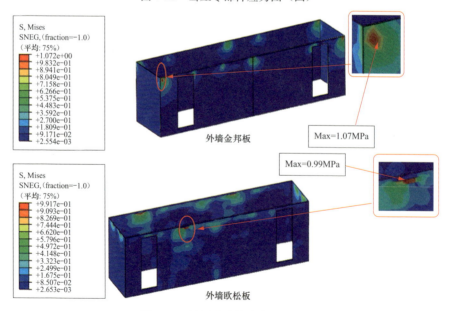

图 7-22　雪压零部件应力图（五）

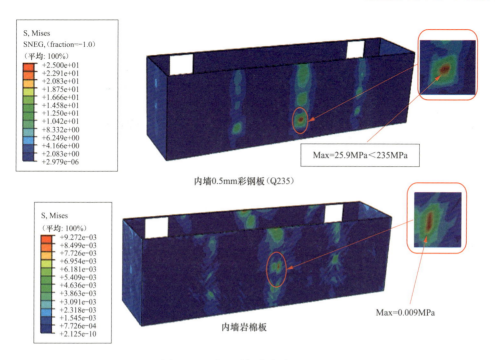

图 7-23 雪压零部件应力图（六）

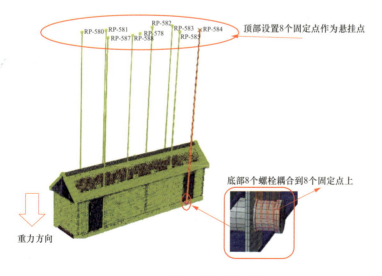

图 7-24 吊装工况分析示意图

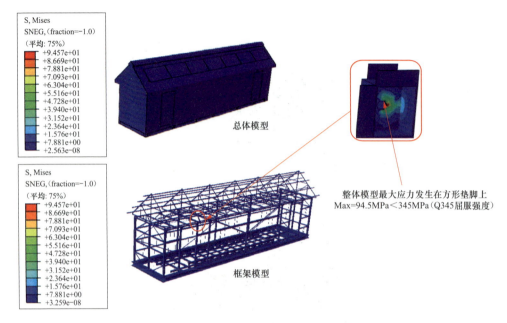

图 7-25　吊装应力结果示意图

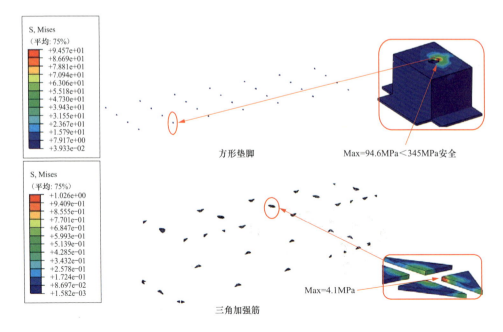

图 7-26　吊装零部件应力（一）

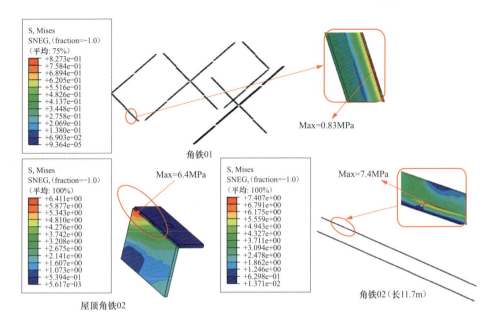

图 7-27　吊装零部件应力（二）

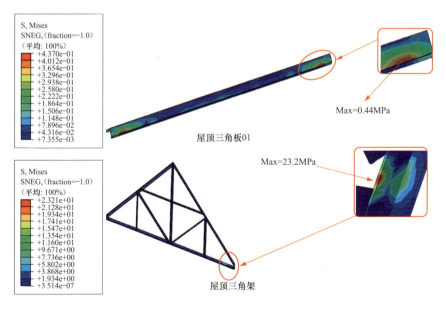

图 7-28　吊装零部件应力（三）

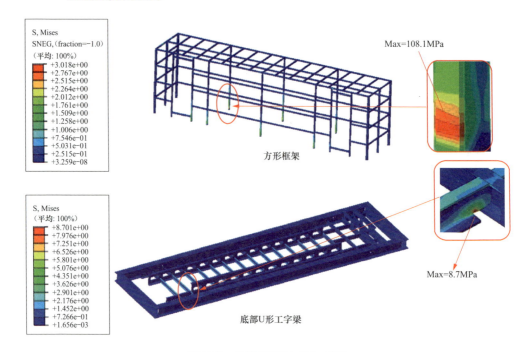

图 7-29　吊装零部件应力（四）

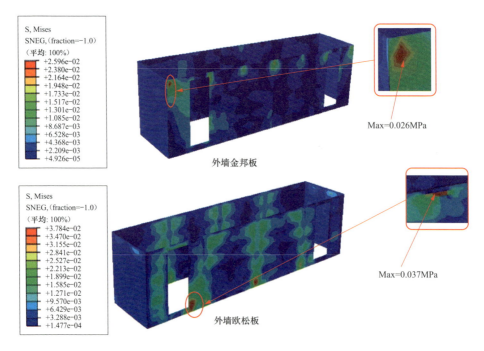

图 7-30　吊装零部件应力（五）

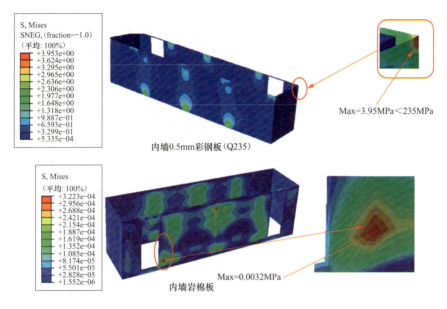

图 7-31 吊装零部件应力（六）

（3）结果结论。从吊装的工况可以看出：模型最大应力出现在屋顶顶棚的方形垫脚上，最大值为 94.6MPa，小于 Q345 的屈服强度 345MPa。其余材料部件上的应力远小于相关材料的屈服强度，安全。

6. 抗震分析

（1）分析工况。

分析条件为：重力加速度为 $9.81m/s^2$，由于地震模拟耗时较长，板状部件受地震影响较小，故模拟中省略；烈度为 8 的地震，水平加速度最大为 $0.4g=3.95m/s^2$。本例中 X 方向作为水平加速度模型受破坏最大，所以选取 X 方向作为水平加速度施加方向。Z 方向固定。水平和竖直加速度幅值曲线选取 Abaqus 官方实例当中所用的 koyna 幅值曲线。舱体工况分析示意图如图 7-32 所示。

（2）抗震应力结果。预制舱舱体抗震应力示意图如图 7-33 所示。预制舱抗震部件应力图如图 7-34～图 7-37 所示。

（3）结果结论。通过以上仿真分析，在模型受到地震烈度为 8 的地震情况下，模型最大应力出现在屋顶顶棚的方形垫脚上，最大值为 201MPa＜Q345 的屈服强度 345MPa。

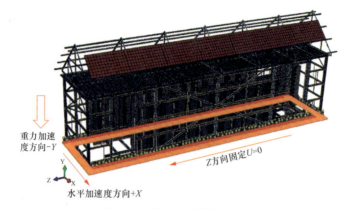

图 7-32　舱体工况分析示意图

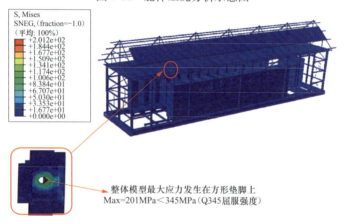

图 7-33　抗震应力结果示意图

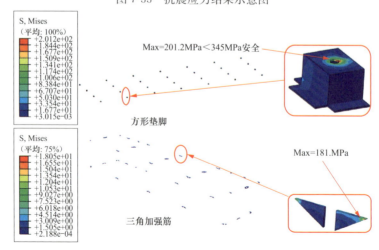

图 7-34　抗震零部件应力图（一）

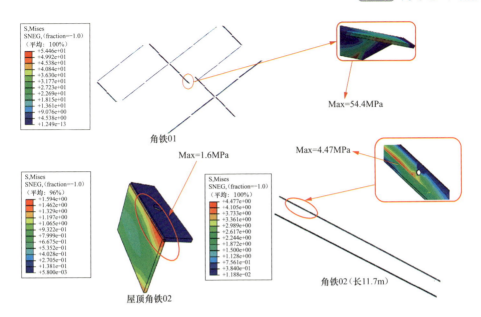

图 7-35　抗震零部件应力图（二）

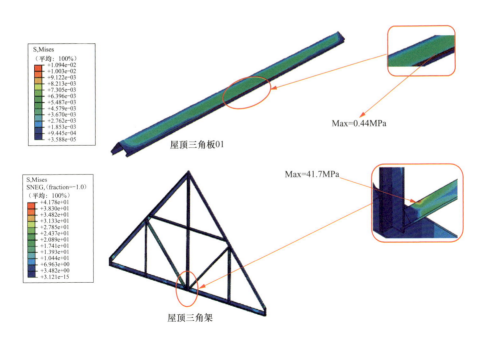

图 7-36　抗震零部件应力图（三）

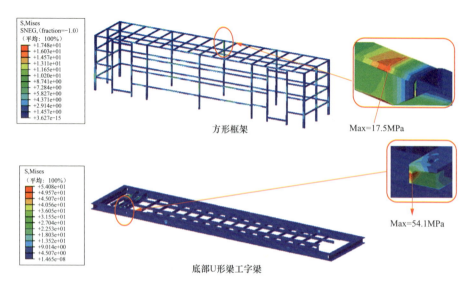

方形框架

Max=17.5MPa

Max=54.1MPa

底部U形梁工字梁

图 7-37　抗震零部件应力图（四）

7.1.3　高寒地区预制舱除雪技术

预制舱采用型钢梁柱构造。钢结构建筑是近年来逐渐兴起并已形成足够规模的新型建筑，因施工工期短、造价低、抗震性强而被广泛应用于变电站建设中。通常情况下，由于钢结构房的跨度很大，房顶坡度必然会相对较缓，为了防止积雪对房顶造成的威胁，只能加大房顶横梁的规格型号，增加了建造成本。此外，由于降雪量的多少难以预算，即便是加大了横梁的规格型号，在遇有特大雪灾时，也不能完全消除其仍然存在有被压塌的危险。同时，长期的潮湿环境对舱体结构和支撑件的腐蚀风险也变得日益增大。

目前清理屋顶积雪主要还是依靠人力铲除，如铲雪、撒盐、水冲等，这些方法既费时又费力而且效率低下，气候环境恶劣时人工清理十分困难，同时清理人员的人身安全也存在威胁。对于地处较偏远的变电站，这些方法更是难以实施。因此，有必要针对高寒地区预制舱除雪技术进行专项研究。

（一）预制舱屋顶设计

为尽量减少冬季积雪问题，预制舱屋顶采用双坡屋顶的结构设计，形式与坡度主要结合建筑平面、结构形式、气候环境及风俗习惯等因素进行权衡设计。

预制舱屋顶采用钢板与太阳能电池板结合的结构，雪在这种工况下的静摩擦系数约为 0.4，既可以使得 $\tan\alpha = 0.466$（α 为屋顶斜坡与水平面夹角），也就意味着当倾角 α 超过 25° 以上，大部分积雪可在重力作用下滑落。

舱体屋顶坡度还需结合屋顶太阳能电池板蓄能要求进行权衡设计。永吉变电站位于吉林省中部，地理位置介于东经 125°40′～127°56′，北纬 42°31′～44°40′。夏季正午的精确值是 69°57′，冬季正午的精确值是 22°7′，春秋季节的日照角度相同，均为 46°13′。由于太阳能电池板平行安装于屋顶，为了合理接受辐射光能，倾角 α 宜接近方阵一年中发电量为最大时的最佳倾斜角度。太阳能板摆放角度在 22°7′～69°57′ 之间都是合理的。

综合以上分析，屋顶倾角设计兼顾安装太阳能电池板的需要和积雪摩擦系数倾斜角角度为 30°。

（二）预制舱除雪技术

东北地区属于我国Ⅲ类太阳辐射资源带，年均太阳辐射量约 5000MJ/m²，较适合光伏发电的应用。设计用于预制舱屋顶的太阳能供电自动除雪系统，该除雪系统包括：太阳能供能系统、送风除雪系统和自限温式电伴热带三大部分组成。太阳能供能系统为整套屋顶除雪系统供能，太阳能板装设于屋顶便于更好的接收日照吸收太阳能；送风除雪系统和自限温式电伴热带装设于预制舱屋顶的不同位置，共同起到除雪的功效。

（1）太阳能供能系统主要由光伏组件、逆变设备、交流配电柜这几个主要部分组成，光伏组件安装位置为预制舱屋顶，由光伏组件所产生的直流电经过逆变器转换成符合电网要求的交流电，接入具有防逆流装置的交流电柜之后与市电以并联的方式接入负载控制柜。当负载用电量小于系统装机总发电量时，通过防逆流柜的控制功能，自动关闭部分逆变器的发电模式，以达到减少系统的发电量，防止多余电力反馈到电网。

（2）送风系统的工作原理为：利用高速的热气流，吹掉并融合附着在太阳能电池板上的积雪和灰尘，达到太阳能电池板冬天除雪，秋天除霜，四季除尘的目的，保证太阳能电池板最大限度吸收太阳能。在舱顶空气夹层安装空气幕，空气幕由空气处理设备、通风机、风管系统及空气分布器组成。空气幕可通过贯流风轮产生的强大气流，在太阳能电池板上方形成一面无形的门帘。

（3）自限温式电伴热带铺设在屋顶没有太阳能板的地方，系统包括自限温式电伴热带、通电导线、温湿度传感器、继电器通断开关、单片机控制器及手动通断开关。

在舱顶相关位置安装温湿度传感器，由舱内控制器经控制电伴热带电源回路实现自动融雪控制。

该系统既能自动除去舱体顶部的积雪，又可以保证电池板在正常的使用环境下，除去太阳能电池板的灰尘和积雪，全方位保护太阳能电池板的使用，有效提高光电光热的转换效率，降低电池板成本。自动除雪系统外观如图 7-38 所示。

图 7-38　自动除雪系统外观示意图

（三）具体实施方式

图 7-39 所示为自限温式电伴热带结构示意图。该系统包括自限温式电伴热带、温湿度传感器、控制器、出风口、太阳能电池板、彩钢板。

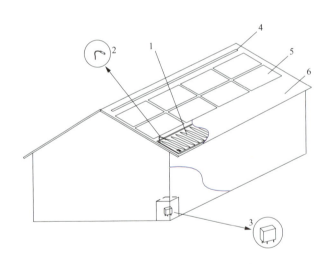

图 7-39　自限温式电伴热带结构示意图

1—自限温式电伴热带；2—温湿度传感器；3—控制器；4—出风口；5—太阳能电池板；6—彩钢板

1. 自限温式电伴热带

自限温式电伴热带以 S 形盘绕安装在舱顶骨架与彩钢板之间，与通电导线相连接，其限温功能原理为：在两根平行导线中间填充 PTC 高分子导电塑料作为芯带，其中高分子塑料是基体材料，起到骨架和填料载体的作用；无极导体填料是电流载体，在绝缘体中形成连通的导电网络，起电流通道作用。当电源接通后，电流经过其中一根导线通过芯带到另一根导线上，形成回路，芯带通电后发热，以补偿管道的散热损失。这种导电塑料，在温度上升时，受热膨胀，使得部分电流通道网络逐步断开，通过的电流减少，发热量也随之减少，在温度上升到某个范围时，导电塑料中电流通道因受热膨胀，几乎都成断路，而在温度降低时芯带收缩，电流通道重新接通，电伴热带又开始供给热量。

当积雪达到并埋没房顶的温湿度探头时，信号传送到控制柜内的单片机，单片机向接触器发出指令接通电源，电伴热带开始发热，积雪融化；当积雪厚度下降到露出温湿度探头时，也就是安全积雪厚度时，单片机向接触器延续设定时间发出断开指令，电源断，电热线停止发热，如此循环作业，形成了自动除雪功能。控制继电器通断开关实现自动通断，也可以通过手动或遥控通断开关实现就地及远方操作。

2. 送风系统

图 7-40 所示为送风系统结构，包括太阳能电池板、出风口、鼓风机、控制阀、送风道。该系统利用舱内顶部空间，安装空气幕，进风口设计在舱体侧壁，出风口设计在太阳能电池板的上部边框处。空气幕由空气处理设备、通风机、风管系统及空气分布器组成。空气幕可通过贯流风轮产生的强大气流，出口风速一般为 4～9m/s，可清除 1m 范围内的积雪和灰尘；送风温度最高可达到 50℃，可融合电池板表面的积雪及浮冰。

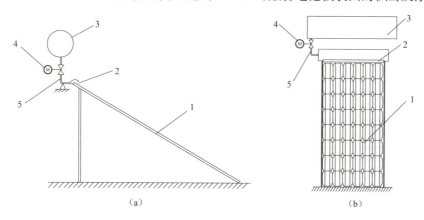

（a） （b）

图 7-40 送风系统结构示意图

（a）侧视图；（b）主视图

1—太阳能电池板；2—出风口；3—鼓风机；4—控制阀；5—送风道

送风系统借助舱顶已布置的压力和温湿度传感器，由舱内控制器经控制风机电动开关实现及时清洗太阳能电池板表面的积雪、冰块。在风沙较大的春季和秋季，可选择自动模式，每天定期启动1~2次风机，实现自动清理沙尘。

预制舱屋顶自动除雪系统方案具有容易制造、资源获取容易、无需考虑设计排水管道、避免二次结冰风险，可自动实现除尘，除霜，除雪等优点。但这种方式舱体顶部结构复杂，需考虑后期风机维护等要求。

7.1.4 预制舱防腐蚀技术

(一) 腐蚀原因分析

腐蚀是一种物质由于与环境作用引起的破坏和变质。造成预制舱腐蚀主要有以下三方面原因。

1. 盐雾危害

盐雾——金属材料锈蚀的元凶，它主要是近海一带由海风带入大量盐分子与潮湿的空气混合形成了危害性极大的自然环境。盐雾的主要成分是Cl^-离子与Na^+离子。沿海一带空气中的Cl^-离子与Na^+离子的含量浓度与海岸距离有关，具体数值见表7-3。

表 7-3   海岸距离与空气中 Cl^- 和 Na^+ 离子含量

海岸距离	离子含量（mg/L）	
	Cl^-	Na^+
0.4km	16	8
2.3km	9	4
5.6km	7	2
48km	4	3
86km	3	—

由于氯离子对金属氧化膜有较强的侵蚀作用，氯化物增加金属电解（电池作用）形成氯化亚铁。据有关资料介绍，沿海地区钢铁材料每年的腐蚀速度大约在$40\sim160\mu m$。

2. 酸雨危害

湿热气候也会加速材料的锈蚀作用。工业的快速发展带来了经济的巨大成就，提升了我们生活水平，在享受现代化带来便捷的同时，人类的各种活动也不可避免地给环境带来一定的影响，特别是由于环保意识的缺乏，往往忽视了对"三废"的有效管理。工业发达地区潮湿的空气中含有大量的SO_2和NH_4等酸盐、氨气分子。冷凝成酸雨对舱体材料也起腐蚀破坏作用。

3. 人为损坏

人为损坏主要发生在设备运输、安装过程中，具体表现为人为造成舱体表层油漆脱落或破损。其共同特性就是人为操作工器具对舱体进行了具有潜在威胁的生产活动，通常这些威胁与操作人员技能水平、工作态度等存在直接联系。

（二）腐蚀类型和腐蚀控制

腐蚀给人类造成了严重的危害，腐蚀的危害包括直接损失、间接损失、人身事故、环境污染，浪费了资源。腐蚀的具体分类见表7-4。

表7-4 腐 蚀 分 类 表

按腐蚀外观分类	按腐蚀原因分类
均匀腐蚀（全面腐蚀）	电偶腐蚀（也称双金属腐蚀）
应力腐蚀（有时是晶间腐蚀）	缝隙腐蚀（也称浓差电池腐蚀）
磨损腐蚀	晶间腐蚀
选择性浸出（可能是均匀的）	点蚀（有时由缝隙腐蚀引起）

1. 电偶腐蚀

电偶腐蚀是指两种或两种以上具有不同电位的金属接触时造成的腐蚀，是一种反应剧烈的氧化—还原反应，有电子得失。

预防或减少电偶腐蚀的一般原则有：为了减少电偶腐蚀的化学驱动力，无论在哪里都要尽可能地避免使用不同种金属。如果现实中做不到，可以使用那些在金属电动序中同组或相近的金属（合金）；无论何时都要尽可能避免不利的面积比，决不能将小阳极连接大阴极；如采用不同种金属，应该使它们相互绝缘；如果需要使用不同种金属，而且又不能绝缘，则应该把较阳极性的部件设计成易更换的。

2. 缝隙腐蚀

缝隙腐蚀是指在两个金属表面之间或一个金属和一个非金属表面或沉积物之间的缝隙内，金属常发生的局部腐蚀。

防止或减少缝隙腐蚀的措施有：①在满足其他性能的条件下采用对接比搭接好；②防止采用吸湿的垫片或填料；③设计时要避免尖缝结构和滞流区，使结构能良好地排除水分或其他污染物；④对有缝隙的结构可采用带缓蚀剂的密封剂；⑤用连续焊代替点焊，保证完全焊透，避免气孔和缝隙。

3. 点蚀晶间腐蚀

晶间腐蚀就是在金属晶相边境进行的一种优先腐蚀行为，它对材料的力学性能造

成十分有害的影响。避免晶间腐蚀要严格控制金属或合金淬火及之后的热处理条件。

4. 点蚀

点蚀又称孔蚀，是在金属上产生针状、点状、小孔状的一种极为局部的腐蚀形态。

防止或减缓点蚀的措施是：①改变介质、定期清洗；②选择较耐点蚀的合金；③选用阳极牺牲保护涂层等。

（三）舱体防腐措施

腐蚀与防护问题的解决，要求合理的设计、正确的选材、良好的防护、精心的施工、装配和储运以及认真的维护。

根据上述关于腐蚀产生原因、分类及控制措施的阐述，结合预制式二次组合设备舱体运行外部环境条件及其工业特殊性，现提出以下四方面措施。

1. 舱体工艺设计

设计是预制舱的基础和根本。为确保舱体的安全、可靠和延长使用寿命，必须从舱体防腐工艺设计开始。

结构设计在满足工业功能需要的前提下，应做到布局合理、外表美观、工艺流畅实用、操作简单便捷。结构组件要防止积水和积尘。结构的几何形状必须有利于防腐蚀措施的采用。结构设计应考虑结构件在加工、连接和处理过程中不会加重产生腐蚀。结构的几何形状应预防腐蚀介质在接头、缝隙处凝聚，尽量避免水平焊缝。应预防与几何形状有关的腐蚀（如缝隙腐蚀、电偶腐蚀等）。易于腐蚀的结构表面要做到可方便维护。结构件油漆涂覆时，因构件的棱边、边沿等处的涂层很薄，从而使腐蚀优先从此开始，而且使构件在运输、储存和工作中易碰伤。所以不需要保留的直角棱边、锐边、尖角要倒钝或倒圆，以提高漆膜的喷涂效率，这个圆角的半径控制在 3.18mm 左右，可使油漆涂层厚度比较均匀。为保证零件已有涂层不被破坏或少被破坏，在条件允许的情况下，零件组装时优选螺接，其次选铆接（见图 7-41、图 7-42），最后选择焊接。

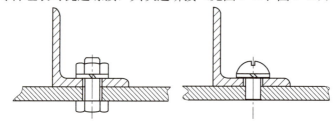

图 7-41　零件螺接组装

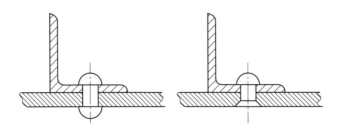

图 7-42 零件铆接组装

垫板、安装板焊接要尽量采取连续焊，保证被焊件与母材之间缝隙得到密封，如焊后变形较大，强度允许的情况下，采取断续焊（见图 7-43），未焊到处采取涂密封胶处理。在结构设计中要避免采用搭接和形成缝隙的结构。如果无法避免，则裸露接头必须面朝下并密封。

角件、支撑件焊接要考虑焊缝易于清理和涂覆（见图 7-44）。

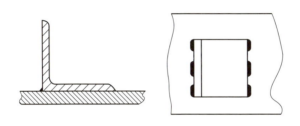

图 7-43 零件断续焊

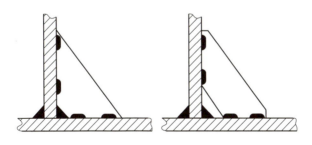

图 7-44 焊缝清理比较（右图比左图合理）

结构焊缝必须完整、匀称和适当修平，在表面处理之前必须清除焊剂、金属飞溅物、焊接残留物、焊瘤以及其他焊接缺陷。

为减少管类零件内部锈蚀，阻止湿气、液体等有害介质进入，要采取管端密封措施；管与管焊接时，焊缝要连续；管与管进行螺栓连接时，管上的过孔要加套，使管内

形成密闭的腔体；螺栓与套之间或两端结合面带密封胶连接（见图7-45、图7-46）。

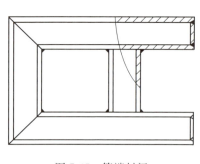

图7-45　管端封闭

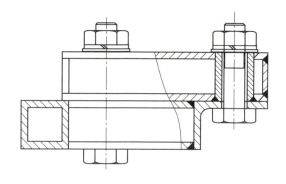

图7-46　管孔加套

活动连杆和固定座连接：为防止轴与固定座相对转动，保护接触面涂层磨损锈蚀，应将转轴与固定座固定，可能情况下选用不锈钢材料；或采用转轴处加关节轴承，合理减少活动杆与固定座结合面（为减少活动连杆与固定座之间摩擦可加聚四氟乙烯垫），连杆和座的结合面用后注油密封（见图7-47、图7-48）。

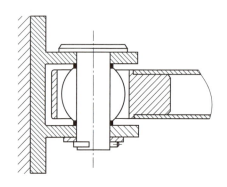

图7-47　活动杆与固定座加关节轴承

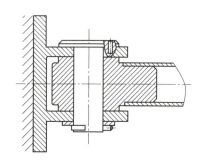

图7-48　轴与固定座固定，减少活动杆与固定座结合面

套筒和活动拉杆的连接：套筒和拉杆建议进行热浸锌或浸铝处理，可能的条件下在套筒上下工作面加聚四氟乙烯减小涂层磨损，插销建议选用不锈钢，插销孔加不锈钢套（见图7-49）。

两种有电位差的材料连接在一起，接触面要做好隔离处理；两种材料螺接或铆接在一起要采用小阴极、大阳极结构，如实际应用中可以用不锈钢螺钉、螺栓、铆钉紧

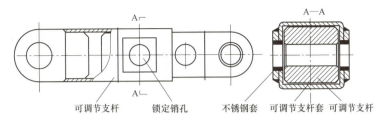

可调节支杆　　锁定销孔　　　不锈钢套　可调节支杆套　可调节支杆

图 7-49　插销孔加不锈钢套

固铝合金零件，但绝不能用铝合金螺栓、螺钉、铆钉紧固不锈钢件。

要求进行金属热喷涂的结构件，其几何形状应满足进行全面有效的喷砂清理和必要的喷涂空间。

需要热浸镀的结构钢，其质量和横截面不要设计得过大，也不能有密封腔体。为预防翘曲和变形，必要时应给以增强或加支撑。

2. 防护油漆选择

对于舱体防护油漆的选择，预制舱舱体金属件采取超重防护体系喷漆处理。骨架和屋顶选用船舶用漆，抗盐雾高达 6000h，符合 ISO 12944《钢结构防护漆系统的腐蚀保护》国际标准防腐要求。预制舱防腐工序如图 7-50 所示，各工序施工要求见表 7-5。

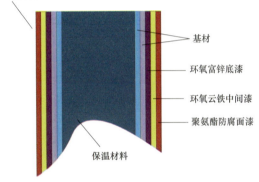

壁板内侧

基材
环氧富锌底漆
环氧云铁中间漆
聚氨酯防腐面漆

保温材料

图 7-50　预制舱防腐工序示意图

表 7-5　　　　　　　　　　　预 制 舱 防 腐 工 序 表

基材	品种	名称	施工道数	干膜厚度（μm）
金属结构	底漆	HAZ01 环氧富锌底漆（高锌）	2	100
	中间漆	HA01 环氧云铁中间漆	3	120
	面漆	SB02 脂肪族聚氨酯防腐面漆	3	100

7.1.5　高寒地区门廊设计

在东北严寒地区，预制舱设计除考虑舱体保温结构外，还需关注在严寒环境下运行人员进出舱体时，因舱内外环境温差较大，导致舱内热量流失及设备表面凝露的问题。在预制舱出入口设置起分隔、挡风、御寒作用的建筑过渡空间，可有效解决预制舱在严寒地区工程应用难题。本书提供一种适用于高寒地区的智能变电站可移动式预制舱门斗设计方案。

工程中采用由保温材料制成的舱体，在门洞上方分别设置热风幕以及保温帘，通过高速电动机带动贯流或离心风轮产生的强大气流，形成一面无形的门帘，风由上至下，将通过入口侵入的冷空气瞬时加热，从而解决冷热空气交换导致舱内设备表面凝露的问题，起到节能效果。门斗与预制舱墙体可快速连接，实现全站多台预制舱共用门廊，降低设备成本。外观需与总平面布置协调，开门设置应满足运行人员巡视要求，预制舱门斗外观整体效果图如图 7-51 所示。

图 7-51　预制舱门斗外观效果图

可移动式预制舱门斗的示意图如图 7-52 所示，由钢结构框架、可移动滑轮、观察窗、预制台阶和热空气幕组成，预制台阶及门斗底部高度需与现场土建台阶相配合，预制舱门斗开门方向需与预制舱舱门方向相配合，安装时门斗侧壁面紧靠预制舱墙面。所述前壁面、顶壁、左壁面、右壁面和后壁面为铝材、钢材、玻璃及保温材料。可移动式门斗可以根据变电站实际运维需求进行选择安装，人员进入门斗区域后可手动开启热空气幕，具有减少预制舱内外空气交换、降低热负荷等功能。

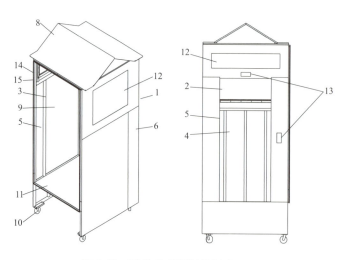

图 7-52　可移动式预制舱门斗（一）

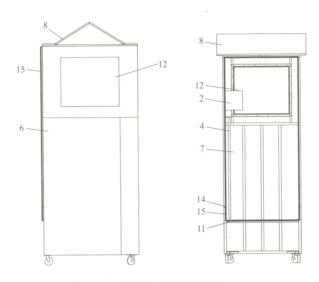

图 7-52 可移动式预制舱门斗（二）

1—舱体；2—热风幕；3—门洞；4—保温帘；5—第一侧板；6—第二侧板；7—第三侧板；

8—屋面板；9—门；10—轮子；11—地面板；12—窗户；13—红外线自动门感应器或者是手动开关；

14—接合洞；15—密封胶条

7.2　预制舱光伏发电系统和温控系统设计与应用

为推进资源节约型、环境友好型社会的建设，永吉变电站结合东北地区日照充足、昼夜温差大等气候特点，预制舱配置了光伏发电系统，创新设计了结合新风设备的温控系统，以达到充分利用可再生能源、节能减排的目的。

7.2.1　预制舱光伏发电系统

根据光伏发电系统在变电站的应用定位，每台舱体构建一套独立的离网光伏发电系统，可提供舱内温控及照明设备的电源补给。

吉林 220kV 永吉变电站位于吉林省中部吉林市，地理位置介于东经 $125°40'\sim127°56'$，北纬 $42°31'\sim44°40'$。多年平均日照 $2300\sim2500\mathrm{h}$，属于我国Ⅲ类太阳辐射资源带，年均太阳辐射量 $5051\mathrm{MJ/m^2}$。

永吉变电站采用的预制舱光伏发电系统为离网不上送型发电系统，该系统通过光伏组件所产生的直流电经过逆变器转换成符合设备要求的交流电，接入具有防逆流装置的交流电柜之后与市电以并联的方式接入负载控制柜。当负载用电量小于系统装机总发电量时，通过蓄电池组储存多余电量，在最大负载的工作状态下，舱内负载可在电网和太阳能共同的作用下工作。

预制舱供电原理如图 7-53 所示。

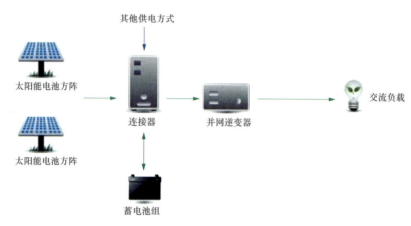

图 7-53　预制舱供电原理图

变电站屋顶光伏系统，安装位置为预制舱屋顶，根据建筑结构以及配电装置楼面建筑材料的情况，选择采用特殊安装方式的 240W（峰值）光伏瓦组件（面积：$1.596 \times 1.065 m^2$，额定功率：240W），考虑太阳能电池阵列之间需留有适当距离以及预留设备检修通道，应用于 40ft（英尺）预制舱光伏发电系统可安装 240W（峰值）光伏组件 7 块，为抑制太阳能电池阵列的温升，屋顶和太阳能电池阵列之间需留有 5～10cm 的间隙。系统峰值总功率为 1.68kWp。光伏并网系统主要设备清单见表 7-6。

表 7-6　　　　　　　　　　　　光伏并网系统主要设备清单

序号	名　　称	型号规格	数量
1	太阳能电池组件（光伏瓦）	太阳能电池板：240W/48V	7
2	逆变器	并网逆变器 7.5kW MPPT180～360V	1
3	交直流配电柜	2400×600×1000mm 需 1 面机柜	1
4	组件支架系统	组件支架系统	1
5	电气接线系统	电气接线系统	1
6	铅酸蓄电池	12V/200Ah	1

7.2.2 高寒地区二次预制舱温控设计

（一）预制舱温控设计要求及指标

1. 使用环境说明

海拔高度：≤3000m。

环境温度：－25～＋45℃。

极限环境温度：－40～＋55℃。

最大日温差：25℃。

最大相对湿度：95％（日平均）、90％（月平均）。

2. 温控技术指标

正常工作状态下舱内温度宜控制在（18～25）℃范围内，在任一台空调故障时舱内温度可为（5～30)℃范围内。

相对湿度：45％～75％，任何情况下无凝露。

舱内具备通风回路，可由舱外控制起动通风装置进行换气。

（二）预制舱温控设计方案

1. 保温隔热结构

（1）屋顶设计。预制舱顶部采用双重保温屋顶，保温层包括屋顶防雨保温板和舱顶吊板保温板，在屋顶中间形成空气间层，构成"三明治"式空腔结构，增加进风口和出风口，夏天利用屋顶太阳能电池板进行蓄能吸热，冬天利用加热屋顶夹层空气，从而达到夏季隔热、冬季保温，改善空气质量的效果。预制舱屋顶结构设计及效果如图 7-54 所示。

（2）墙体设计。借鉴严寒地区装配式住宅经验，预制舱墙体采用了多重保温设计。结构上采用内外两层保温结构，实现"三明治"式墙板，在墙体中间形成空气间层，可以提高墙体的保温性能；材料上预制舱舱体由金邦版外墙、聚乙烯防湿密封膜、岩棉保温层、欧松板、结构构件、铝塑板内墙等材料组成复合墙体，兼顾了隔热与保温的性能。

永吉变电站预制舱创新采用在钢结构件两侧增夹入铝箔，会使其墙体保温隔热性能大幅提高，因铝箔具有"高反射低发射"的性能。即铝箔无论对长波辐射还是短波

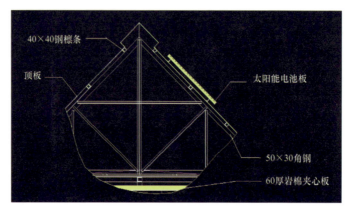

图 7-54 预制舱屋顶结构设计及效果

辐射都有很高的反射性能，而它的反射散热能力却很低。冬季，室内以长波辐射向外散热，贴上油毡铝箔层可以有效减少长波辐射，其效果提高了室内热阻，增强了冬季保温性能；夏季，室外向室内进热，在铝箔的反射作用下，大部分的辐射被反射回去，其效果提高了夏季隔热热阻，提高夏季隔热性能。

表 7-7 为在厚度为 30mm 的空气间层加有单面铝箔、双面铝箔及没有铝箔时的热阻情况。

表 7-7   不同空气间层的热阻对比

垂直空气间层 30mm	没有铝箔	单面铝箔	双面铝箔
冬季热阻	0.17	0.44	0.59

由表 7-7 可知，钢结构两侧安装双层铝箔层会起到很好的效果，而且铝箔成本较低，适用于预制舱设计方案。预制舱墙体构成示意图如图 7-55 所示。

（3）底部设计。舱体底部增加保温隔热层，避免热桥产生，可尝试采用架空辐射型采暖防静电地板，形成下高上低的温度梯度。

（4）防热桥设计。保温隔热材料（岩棉或聚氨酯夹芯板）选用大面积尺寸型号，门框、主框架方通在内部注射填充保温发泡材料，减小舱体热桥效应。预制舱整体保温隔热结构如图 7-56 所示。

2. 温控及通风设备配置

温度控制系统由温度控制单元、温度控制设备及温湿度监控用传感器组成。温度控制设备由空调、加热器、通风扇组等组成。温度控制设备的配置根据使用场所和热仿真技术确定。

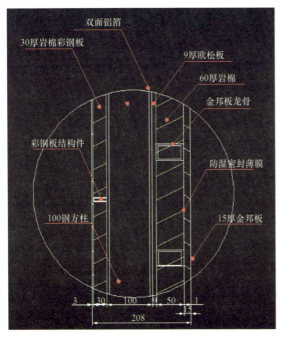

图 7-55 预制舱墙体构成示意图

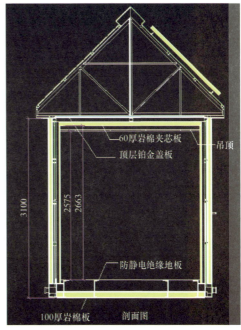

图 7-56 预制舱整体保温隔热结构图

（1）温度控制单元。温度控制单元为舱体内电子设备的可靠运行提供温度环境的保障，具有温度监控、超温报警、空调故障报警、通风扇组故障报警、加热器故障报警、温感故障报警等功能。报警均有触点输出，相应指示灯显示，所有故障均有故障代码显示。在环境温度适宜时，采用智能温控系统功能，设置不同温度空调起动定值和轮流运行时间定值，降低空调运行持续时间和运营成本。

（2）制冷保温设备。舱体配备吸顶式民用分体空调，含停电自起动功能，也可根据工程需要选配精密工业空调和独立加热器设备。考虑温控设备冗余性，空调之间采用主备方式工作，具备自动切换功能，维持舱内温度在 18～25℃。

（3）新风系统设备。舱内应配置通风系统，包括进风单元、出风单元、过滤网，通风量不小于 1000m³/h。当舱内有人员进入或舱内空调失效时启用，起到通风换气和避免舱体内温度过高的作用。同时在温湿度可控范围内，可利用新风系统与空调系统进行切换，最大化降低系统能耗。

（三）预制舱温控热仿真

热仿真软件 FLOTHERM 采用了成熟的 CFD（Computational Fluid Dynamic，计

算流体动力学）和数值传热学仿真技术并成功的结合了 FLOMERICS 公司在电子设备传热方面的大量独特经验和数据库开发而成，同时 FLOTHERM 软件还拥有大量专门针对电子工业而开发的模型库。工程师可以使用 FLOTHERM 快速创建电子设备虚拟模型，运行热分析，在建立物理样机之前迅速、便捷地测试设计修改。FLOTHERM 使用高级 CFD 技术预测元器件级、板级、系统级的电子设备气流、温度、热传。本设计方案应用 FLOTHERM 软件对预制舱进行整体热环境仿真。

高寒地区应用的预制舱需要对制热进行重点仿真，给出推荐的加热功率；制冷要空调结合新风系统来设计，在新风风扇不能满足需求时才起动空调，达到节能环保的目的，因此要给出空调及新风的安装位置和功率、风通量等参数建议。

1. 输入条件

（1）预制舱温控系统。环境温度 $-45\sim+45℃$，正常工作状态下舱内温度宜控制在 $18\sim25℃$ 范围内。在任意一台空调故障时舱内温度可为 $5\sim30℃$ 范围内。

1）屏柜总功率为 4080W。

2）空调。两台直流变频风管机（2 匹），最大制热功率 5800W，最大制冷功率 5000W。

3）预制舱采用 1 个电暖气采暖，壁挂式安装，布置在舱体内长度方向的右侧底部。

4）新风系统采用 1 个抽风风扇及 1 个吹风风扇设计，目的是提供足够的风压和风量，风扇的风量根据推荐值采用 $1000m^3/h$。预制舱温控系统基本模型如图 7-57 所示。

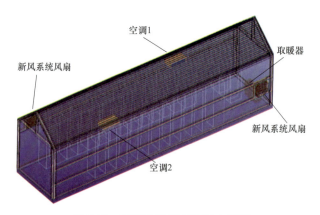

图 7-57　预制舱温控系统基本模型

（2）预制舱尺寸及机柜布局。

1）预制舱尺寸（内尺寸）为 40ft（英尺），即 $11.8m\times2.4m\times2.7m$。

2）机柜尺寸为 $2.2m\times0.6m\times0.6m$。

3）墙体由 16mm 外墙金邦板、呼吸纸、50mm 岩棉夹芯板、9mm 欧松板、100mm 钢方柱、30mm 岩棉夹芯板、内墙铝塑板/碳钢板，仿真中主要考虑金邦板、岩棉板、欧松板。墙体模型细化图如图 7-58 所示。

4）屋顶构成为：屋脊盖板、100mm 彩钢岩棉夹芯板、钢檩条、30mm 钢方柱、内墙铝塑板/碳钢板，仿真中主要考虑岩棉。屋顶模型细化图如图 7-59 所示。

5）机柜布局如图 7-60 所示。

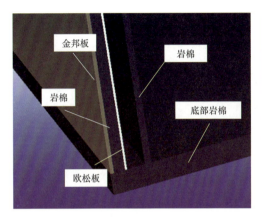

图 7-58　墙体模型细化图

图 7-59　屋顶模型细化图

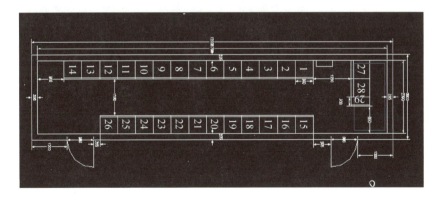

图 7-60　机柜布局图

2. 摆放位置说明

（1）空调摆放位置说明。空调布置于舱顶，舱顶为 11.8m×2.4m 的矩形。根据

221

送风路径，空调沿长度方向摆放；为了提高舱体中部冷却效果，出风口沿宽度方向出风。为防止空调风口相对，阻碍流动，故两个空调错开放置。

（2）取暖器摆放位置说明。

1）在低温情况下，热空气向上流动，而空调在舱内上侧，制热产生的热空气只会在机柜上部循环，对底部制热效果很弱，所以需要在舱内下部布置一台取暖器，以增加舱内底部制热效果。图 7-61 为不放置取暖器，只靠空调加热的仿真结果，由结果可以看出，舱内温度在高度方向存在明显梯度，不能满足规格要求。

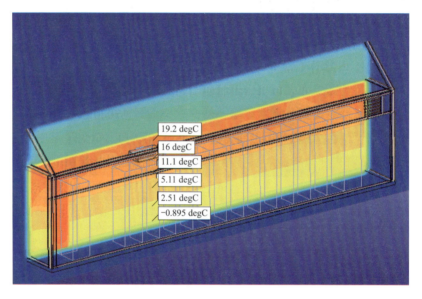

图 7-61　环境温度为－45℃空调单独加热仿真示意图

2）取暖器放在舱内右侧，通过对空气加热使热空气上升后让舱内形成循环对流效果。

3）取暖器功率采用仿真推导确定。即初始假设不采用电暖气进行仿真分析得出舱内温度分布并与规格要求进行对比，然后逐步增加电暖气功率，直到仿真结果得到舱内最低温度在规格范围内的电暖气功率即为最低所需功率。

电暖气不同功率的仿真结果通过监控点进行对比，热仿真热量监控点示意图如图 7-62 所示，600W 和 800W 功率对比结果见表 7-8。

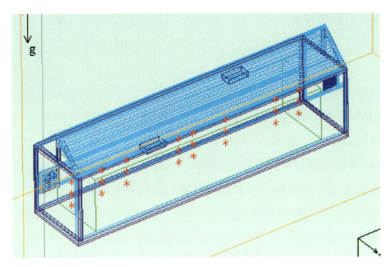

图 7-62 电暖气热仿真热量监控点示意图

表 7-8   不同电暖气功率热仿真结果对比表

监控点位置	监测温度（℃）	
	电暖气功率 600W	电暖气功率 800W
AC _ Outlet _ 500mm	15. 2167	19. 0144
NearCenter _ 500mm	15. 6596	19. 8467
NearCenter2 _ 500mm	16. 1995	20. 9295
NearCenter3 _ 500mm	16. 2195	20. 3599
FarCenter3 _ 500mm	16. 2131	20. 4061
FarCenter2 _ 500mm	16. 5381	20. 3229
FlowCenter3 _ 500mm	16. 1621	20. 2959
FarCenter _ 500mm	19. 1424	21. 5651
AC _ Outlet _ 1000mm	19. 1195	20. 4034
NearCenter _ 1000mm	19. 6262	20. 9078
NearCenter2 _ 1000mm	19. 5612	21. 5083
NearCenter3 _ 1000mm	19. 2874	21. 2285
FarCenter3 _ 1000mm	19. 1224	21. 3800
FarCenter2 _ 1000mm	19. 6474	21. 4764
FlowCenter3 _ 1000mm	19. 3229	21. 3814
FarCenter _ 1000mm	20. 4919	22. 4442
AC _ Outlet _ 1500mm	20. 4134	21. 3825
NearCenter _ 1500mm	20. 5365	21. 4561
NearCenter2 _ 1500mm	20. 7078	22. 0872
NearCenter3 _ 1500mm	20. 9385	22. 0365
FarCenter3 _ 1500mm	20. 2518	22. 1139
FarCenter2 _ 1500mm	20. 6664	22. 0737
FlowCenter3 _ 1500mm	20. 5143	22. 2079
FarCenter _ 1500mm	20. 8548	23. 6086

由表 7-8 可看出，电暖气功率为 600W 时，最低温度 15℃，最高温度 21℃，不满足规格要求 18～25℃；电暖气功率为 800W 时，最低温度 19℃，最高温度 23℃，满足规格要求。因此最终选择 800W 功率。

（3）新风系统摆放位置说明。

1）新风系统采用一侧吸风式风扇，分别布置于舱体对角线两端，以满足风流能最大限度地流经舱体所有区域。

2）吹风风扇将冷空气从室外送进入口，所以需要放在舱体下部；而吸风风扇是将经过舱体内设备加热后的热空气从舱内排除，所以放在舱体的上部。

3）新风系统吹风风扇采用百叶窗换气扇，在风扇不起动时，百叶窗自动关闭，起到节能作用。

4）新风系统应用最高环境温度由仿真推导决定，仿真中假设环境温度为 20℃，仿真获得监控点（监控点布置见图 7-62）的温度见表 7-8。

根据对监控点温度的确定得出：在 20℃ 环境温度下，舱内温度最高为 29℃，而规格最高温度为 25℃，所以超出温度上限 4℃，则满足要求的环境温度应为 20℃ − 4℃＝16℃，考虑到偏差，所以最终用 15℃ 环境温度进行验证，验证结果见表 7-9。

表 7-9　　　　　　　　　　不同环境温度的预制舱内温度仿真结果

监控点位置	监测温度（℃）	
	环境温度 20℃	环境温度 15℃
AC＿Outlet＿500mm	27.8219	22.8119
NearCenter＿500mm	27.8476	22.8325
NearCenter2＿500mm	28.3567	22.9156
NearCenter3＿500mm	27.5559	22.9567
FarCenter3＿500mm	27.0845	22.9243
FarCenter2＿500mm	27.4367	22.5326
FlowCenter3＿500mm	27.5267	22.4148
FarCenter＿500mm	26.7376	21.4782
AC＿Outlet＿1000mm	28.1037	22.9324
NearCenter＿1000mm	28.2058	23.3512
NearCenter2＿1000mm	28.8350	23.3364
NearCenter3＿1000mm	28.9943	23.4759
FarCenter3＿1000mm	27.4521	23.1128
FarCenter2＿1000mm	27.5378	22.3438
FlowCenter3＿1000mm	28.2283	22.5415
FarCenter＿1000mm	26.3616	21.3143

续表

监控点位置	监测温度（℃）	
	环境温度 20℃	环境温度 15℃
AC _ Outlet _ 1500mm	28.1134	22.9457
NearCenter _ 1500mm	28.4412	23.6218
NearCenter2 _ 1500mm	28.8899	23.8128
NearCenter3 _ 1500mm	29.4442	24.2267
FarCenter3 _ 1500mm	28.8418	23.1128
FarCenter2 _ 1500mm	28.6892	23.6467
FlowCenter3 _ 1500mm	29.2639	23.5476
FarCenter _ 1500mm	26.2635	21.0179

由表 7-9 可知，环境温度用 15℃验证时，舱内最高温度为 24.2℃，满足舱内温度不超过 25℃的要求。因此，将 15℃作为仅用新风系统不开启空调的温度判据，新风系统的工作温度区间为 0~15℃。

（4）太阳辐射设置说明。为了模拟最严苛环境，需要考虑太阳辐射影响。太阳辐射设置如下。

1）环境温度 45℃高温时，按照夏天东北区域纬度及无云天气的太阳强度进行设置，具体设置参如图 7-63 所示。

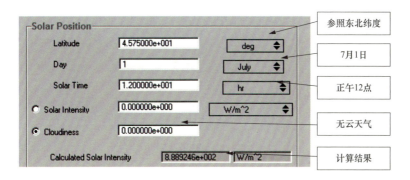

图 7-63　太阳辐射参数设置

2）环境温度－45℃低温时，按照无太阳辐射（夜晚）。

3. 温控系统环境温度工作状态区间

针对温控系统空调制冷、新风系统制冷、空调加电暖气共同取暖三种情景进行仿真，对总体的温控系统环境温度工作状态区间进行确认和验证。

（1）温控系统空调制冷仿真。仿真模拟环境温度 45℃时，预制舱内温度环境情况，温控系统中设备工作状态为空调开启、电暖气关闭、所有风扇关闭。分别仿真两

台空调同时工作和一台空调故障时另一台空调单独工作的情况。

1）两个空调同时开启。设定空调出口温度13℃，由于热空气向上流动，高温情况下应重点关注预制舱上部温度情况，因此取距底部2m高截面进行验证。仿真结果如图7-64和图7-65所示。

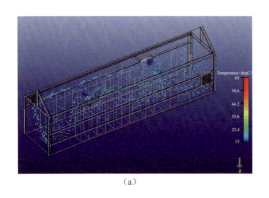
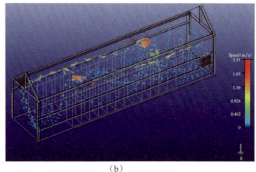

（a）　　　　　　　　　　　　　　　（b）

图 7-64　预制舱整体温度、速度粒子图

（a）整体温度粒子图；（b）整体速度粒子图

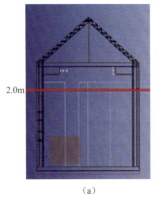
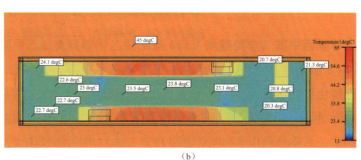

（a）　　　　　　　　　　　　　　　（b）

图 7-65　距舱底 2m 高度温度截面图

（a）截面高度示意；（b）截面温度云图

由仿真结果可以看出，当环境温度为45℃且两台空调同时开启时，舱内部空气温度在19～24℃之间，满足设计要求。

2）单侧空调开启。一台空调故障时另一台空调单独工作，设定空调出口温度10℃。仿真结果如图7-66和图7-67所示。

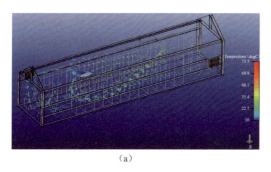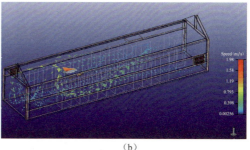

（a）　　　　　　　　　　　　　　　　（b）

图 7-66　预制舱整体温度、速度粒子图

（a）整体温度粒子图；（b）整体速度粒子图

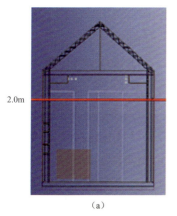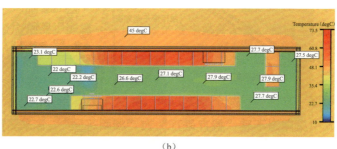

（a）　　　　　　　　　　　　　　　　（b）

图 7-67　距舱底 2m 高度温度截面图

（a）截面高度示意；（b）截面温度云图

由仿真结果可以看出，当环境温度为 45℃且单侧空调开启时，舱内部空气温度在 21～28℃之间，满足单台空调故障时的设计要求。

（2）温控系统新风系统制冷仿真。仿真模拟环境温度 15℃时，预制舱内温度环境情况，温控系统中设备工作状态为空调关闭、电暖气关闭、所有风扇开启。仿真结果如图 7-68 和图 7-69 所示。

由仿真结果可以看出，当环境温度为 15℃且新风系统开启时，舱内部空气温度在 21～25℃之间，满足设计要求。

（3）温控系统空调加电暖气取暖仿真。仿真模拟环境温度－45℃时，预制舱内温度环境情况，温控系统中设备工作状态为空调开启、电暖气开启、所有风扇关闭。分别仿真两台空调同时工作和一台空调故障时另一台空调单独工作的情况。

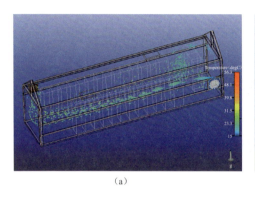
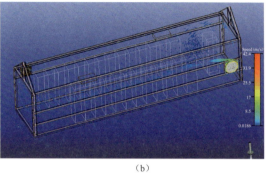

（a）　　　　　　　　　　　　　　　　（b）

图 7-68　预制舱整体温度、速度粒子图

（a）整体温度粒子图；（b）整体速度粒子图

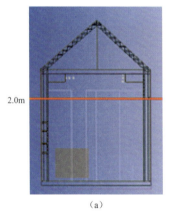
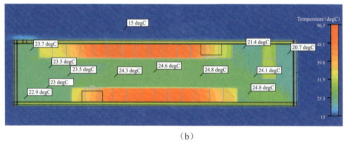

（a）　　　　　　　　　　　　　　　（b）

图 7-69　距舱底 2m 高度温度截面图

（a）截面高度示意；（b）截面温度云图

1）两个空调同时开启。设定空调出口温度 22℃，由于冷空气向下流动，低温情况下应重点关注预制舱底部温度情况，因此取距底部 0.5m 高截面进行验证。仿真结果如图 7-70 和图 7-71 所示。

由仿真结果可以看出，当环境温度为−45℃且两台空调，右侧电暖气同时开启时，舱内部空气温度在 20～23℃之间，满足设计要求。

2）单侧空调开启。一台空调故障时另一台空调单独工作，设定空调出口温度 22℃。仿真结果如图 7-72 和图 7-73 所示。

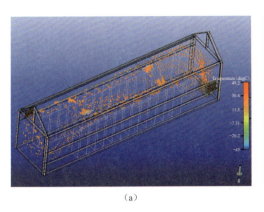
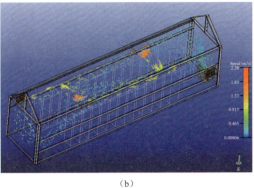

（a）　　　　　　　　　　　　　　　　（b）

图 7-70　预制舱整体温度、速度粒子图

（a）整体温度粒子图；（b）整体速度粒子图

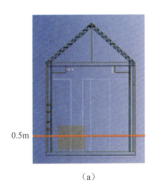
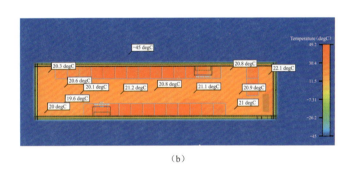

（a）　　　　　　　　　　　　　　　　（b）

图 7-71　距舱底 0.5m 高度温度截面图

（a）截面高度示意；（b）截面温度云图

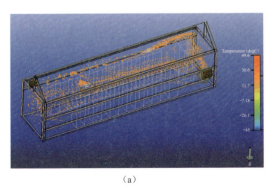
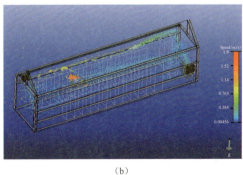

（a）　　　　　　　　　　　　　　　　（b）

图 7-72　预制舱整体温度、速度粒子图

（a）整体温度粒子图；（b）整体速度粒子图

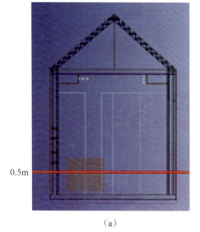

(a)

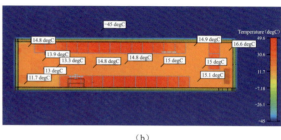

(b)

图 7-73　距舱底 0.5m 高度温度截面图

（a）截面高度示意；（b）截面温度云图

由仿真结果可以看出，当环境温度为－45℃且单侧空调，右侧电暖气同时开启时，舱内部空气温度在 12～22℃，满足单台空调故障时的设计要求。

根据综合仿真结果，以下为总体的温控系统环境温度工作状态区间。

1）－45～－5℃为空调加取暖器制热区间。

2）－5～0℃为温控系统不工作区间。

3）0～15℃为新风系统工作区间。

4）15～45℃为空调制冷区间。

7.3　集成电子式电流、电压互感器的新型断路器设计与应用

7.3.1　隔离断路器高寒地区应用技术难题

智能隔离断路器是新一代智能变电站中采用的新型一次设备，它是集成了断路器、隔离开关、接地开关、电子式电流互感器、智能终端及在线监测元件于一体的新型敞开式智能组合高压开关设备。可实现高压线路的开断、隔离接地、控制与保护、在线监测等功能。在智能变电站中应用集成式智能隔离断路器，要从电气主接线和配

电装置布置进行优化，才能更加体现节省占地的优越性，它使变电站配电装置的电气主接线得以优化，总平面布置更加紧凑。然而由于东北高寒地区的气候特点及永吉变电站所处电网的实际情况，隔离断路器在永吉变电站应用存在困难，具体表现在：

（1）气候因素限制隔离断路器在永吉变电站的使用。目前国内厂家生产的隔离断路器使用条件最低温度不能低于$-30℃$，而永吉县气象站提供历史极端最低气温$-37.8℃$，低温导致 SF_6 气体液化丧失绝缘能力，严重影响变电设备和电网的安全稳定运行。

（2）永吉变电站所处电网薄弱。永吉变电站位于吉林省中东部永吉县境内。永吉县域内现有 66kV 变电站 13 座，仅由西湖甲、乙线及西绥甲、乙线 4 条 66kV 线路供电，其中西湖甲、乙线已"T"接有 66kV 变电站 10 座，西绥甲、乙线"T"接有城郊和永吉县变电站 9 座，远超每条 66kV 线路"T"接 4 座 66kV 变电站的要求，任意一条 66kV 线路故障均将导致永吉县大范围停电。

永吉变电站肩负转带城西变电站负荷的任务。目前永吉供电区负荷主要由城西 220kV 变电站供电，城西变电站在 2011 年冬季期间负载率达到 90% 左右，其中 60% 负荷集中在 66kV 西湖甲、乙线上。通过新建永吉变电站分担城西变电站负荷任务。

由于永吉县电网薄弱，66kV 线路没有转供电能力，考虑到若选用单母线分段的电气主接线方式，母线检修时线路陪停会造成永吉县大面积停电，因此本工程建议 66kV 侧采用双母线接线方式。由于运行方式的需要，双母线接线方式不建议取消母线侧隔离开关。出线侧有大量"T"接线且线路不宜停电，故不建议取消出线侧隔离开关。故在本工程中不建议使用隔离断路器。

针对上述问题，吉林永吉变电站在断路器方面创新采用了集成 ECVT 的新式罐式断路器。在结构上，罐式断路器可采用伴热带的设计解决了 SF_6 液化的问题，极寒天气条件下仍可保证罐内温度不低于-20℃。此结构还可将电子式电流电压互感器安装于断路器出线套管与罐体连接的法兰部位，使电流、电压传感部件嵌套组合成为断路器的一个部件，既响应了新一代智能变电站深度集成建设的需求，又达到降低制造成本、减小设备占地的目的。采用新式罐式断路器 220kV 线路间隔断面图和 66kV 线路间隔断面图如图 7-74 和图 7-75 所示。和以往的智能变电站相比，永吉变电站 220kV 线路间隔纵向占地缩短至 47m，66kV 线路间隔纵向占地缩短至 24.2m。永吉变电站整体纵向占地缩短至 102m，占地面积节省了 10%。

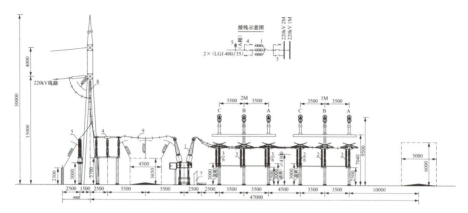

图 7-74　永吉变 220kV 线路间隔断面图（47m）

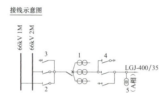

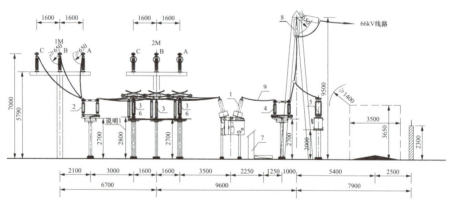

图 7-75　永吉变 66kV 线路间隔断面图（24.2m）

7.3.2　集成电子式电流/电压互感器的新型断路器

永吉 220kV 变电站是典型的敞开式结构智能变电站，按新一代智能变电站的设计理念，整站结构体现"整装"、"组合"和"集成"，在 220、66kV 两侧全部采用了罐式断路器作为开关设备，首次将电子式电流/电压互感器（ECVT）组合在罐式断路器升高座套管上，形成了一种全新的深度组合——与断路器一体化结构的电流、电压组合互感器（ECVT）。

以下介绍与断路器一体化组合的 ECVT 原理和结构。

图 7-76 是 66kV 罐式断路器组合 ECT/ECVT 的实体照片，注意，这里的 ECVT 并没有增加新的安装空间，而是利用了原有套管的升高座位置，实现了 ECT 及 EVT 的双重功能。

图 7-77 是套管组合 ECVT 结构及原理的剖面示意图，断路器的进出线导杆作为电容分压器的高压电极，镶嵌在筒壁内侧的小圆环作为低压电极，形成分压器的高压臂电容，圆环与外筒（壳）之间形成低压臂电容，高低压电容串联，圆环作为分压气的分压点，信号经密

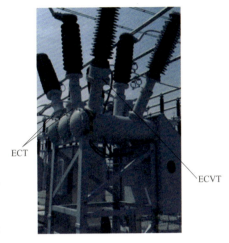

图 7-76　永吉变电站 66kV 罐式断路器
组合 ECT/ECVT 实物照片

封插座向外引出；一组保护、测量线圈镶嵌在金属套管的外壳内，传感信号也经密封插座向外引出，整个 ECVT 传感器形成一段密封筒体，上下有连接法兰及密封槽，装配后与断路器形成一体化结构的电流、电压传感器组件。ECVT 细节图如图 7-78 所示。

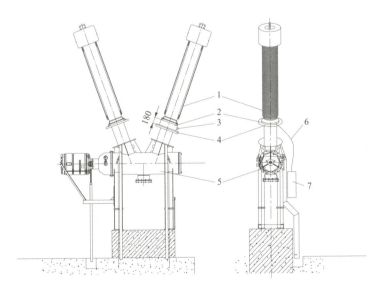

图 7-77　罐式断路器与电子式互感器一体化组合结构装配图

1—出线套管；2—电子式电压/电流互感器；3—封闭引线插座；4—连接法兰；

5—断路器罐体；6—信号缆；7—采集箱

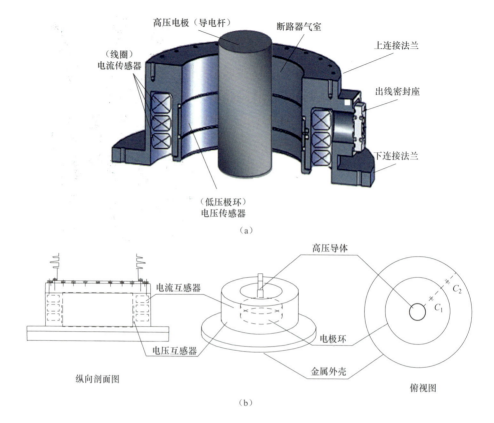

图 7-78　复合在升高座内 ECVT 结构示意图

（a）电子式电流/电压互感器立体图；（b）电子式电流/电压互感器细节图

电流互感器的传感绕组采用的是 LPCT 和罗氏线圈传感器，其传感原理已有多处提及，以下仅就同轴电容分压的传感原理做一简述。

由于金属封闭电器筒体内部的电场边界条件固定不变，所以外电场对分压器无干扰作用，同轴电容可以设计得比较小，一般仅有 5～10pF，图 7-79 是同轴电容的示意图，其电容值可按式（7-1）进行计算

$$C = 4\pi\varepsilon h / \ln(r_2/r_1) \qquad\qquad (7-1)$$

式中：C 为电容，F；r_1 为内电极半径，m；r_2 为外电极半径，m；ε 为介电常数，8.85×10^{-12}；h 为外电极宽度，m。

如果用于 220kV 电压等级，分压器电流仅为 0.2mA 左右。由于周围的电磁环境相对固定，小尺寸的同轴电容分压器，也可以稳定工作。

图 7-80 是电容串联分压原理图,其中 C_1 承受一次侧高电压,C_2 接地,作为二次侧分压电容,输出二次电压 U_2,由于 C_2 电容值远大于 C_1,这样在 C_2 两端可以得到按比例缩小的电压 U_2,电压传感关系由式(7-2)确定

$$U_1 = U_2(C_1 + C_2)/C_1 = KU_2 \tag{7-2}$$

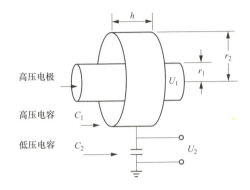

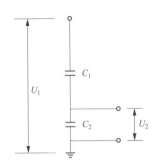

图 7-79 同轴电容结构   图 7-80 电容串联分压原理图

式(7-2)中,K 为电压变比系数,可表达为

$$K = (C_1 + C_2)/C_1 \tag{7-3}$$

由于 C_1 与断路器共享气体绝缘结构,所以绝缘性能等同于断路器本身。C_2 具有大电容值,传统互感器要求 C_2 的分压在 100V 左右,而电子式互感器要求在 4V 左右。后续采样电路可对分压器变比进行小范围的重新调节和校准。

在断路器上一体化组合电流/电压互感器,取消了线路原有的 TV 间隔,使电站的占地面积减小,节约了制造成本,提高了系统集成度。在气体绝缘组合电器上组合互感器,也为实现带电校验、带电维护提供了技术上的可行性。

7.3.3 集成 ECVT 的新型罐式断路器 EMC 提升方法

高压变电站上的电磁干扰源主要来自:导线空气放电、大电流冲击、开关操作产生的电弧辐射以及快速暂态过电压(Fast Transient Over Voltage,VFTO)效应。VFTO 是带有金属壳体的一类高压电器特有的一种过电压现象,它是由开关操作时的反复击穿电弧过程引起的。在影响电子式互感器耦合 VFTO 效率的所有参数里面,罐式断路器设备外壳对电子式互感器寄生电容的影响最大。而导体之间的互电容也取决于导体的形状、导体之间的间距、介质、导体的尺寸等因素。隔离是最有效减小寄生电容的方法。将采集箱下移近地端安装,可以减小壳体(地)电位跳变对电源引线的

干扰作用，隔离措施在抑制噪声传播上具有很好的贡献。此外本设计中 EMC 提升方法采用了屏蔽和滤波。

（一）屏蔽

屏蔽能够消除容性耦合和感性耦合的作用。感性耦合与容性耦合谁占主导作用，取决于噪声源电路的阻抗特性。源电路的阻抗低，感性耦合就为主；源电路的阻抗高，容性耦合就为主。

要使屏蔽能充分发挥消除容性耦合的功能，屏蔽层必须接地而且全线等电位，否则屏蔽层上就会容性耦合进噪声电压，对信号电路造成严重干扰，因此特别长的屏蔽线必须每隔一定的长度就要接地。

屏蔽层消除感性耦合的原理就是在屏蔽层上感应一个电流，该电流产生的磁通能够抵消外部电磁场对信号电路的影响。要满足这个条件，必须：①屏蔽层的两端都要接地，这样给感应电流提供通路；②屏蔽层的阻抗足够低，屏蔽层就能在低频段发挥作用。

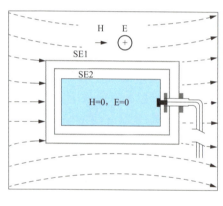

图 7-81　双层壳体屏蔽结构

采用电磁双层全密封屏蔽壳体，采用高导磁率的电工软铁板做外箱，执行 IP55 环境防护标准，着重考虑空间磁场的屏蔽，设计衰减量−60dB；内盒采用铸铝件做采集电路盒，着重考虑电屏蔽，设计衰减量达到−120dB。两层总衰减量设计为−180dB。图 7-81 为双层壳体屏蔽结构示意图。

（二）滤波

1. 电源引线

VFO-P 抑制组件作为第一层防护，主要防止 20～30kV 量级的暂态地电位跳变引起的电源侧干扰，该组件可以级联使用，适应不同的防护等级；常规 EM-P 抑制电路作为第二层防护，达到 3kV 以下常规脉冲群的防护。

VFO-P 抑制组件：VFO-P 抑制组件用于抑制电源端在 VFTO 期间的暂态高频过电压，由于不考虑对测量精度的影响，所以在 EM-S 防护组件的 *LC* 低通滤波基础上

可以加入 RC 单元，避免了谐振现象。由于变电站上采用直流供电，所以可采用较大的高压电感和电容，充分吸收、衰减暂态过电压，由于这种暂态过电压主要表现为共模干扰，所以组件为共、差模综合滤波型结构，示意图如图 7-82 所示。腔室结构和分布参数的概念与 EM-S 防护组件相同。VFO-P 抑制组件也可根据需要进行级联使用。VFO-P 滤波器实体如图 7-83 所示，其抑制效果如图 7-84 所示。

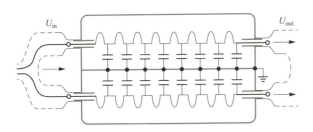

图 7-82　分布参数共、差模综合滤波器

图 7-83　VFO-P 滤波器实体

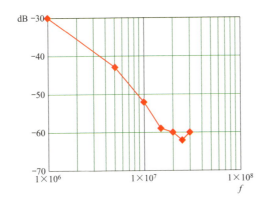

图 7-84　VFO-P 抑制组件衰减效果图

2. 信号引线

专用引线加 EM 防护组件构成第一层防护，EM-S 组件可以级联，适应不同的防护等级，目的是将主要的干扰防护在采集电路盒之外；通过单独分腔处理的信号调理盒作为第二层滤波处理，达到进一步信号净化处理的目的。

EM-S 防护组件主要用于信号端的综合防护，其技术要点在于：

1）需要滤除的干扰信号幅度有可能在数千伏，有一定的破坏冲击能量，所以外层防护不能采用有源器件，只能考虑采用无源低通滤波的方法。

2）需要滤除的频带覆盖 100MHz，由于超短波信号容易走空不走实的特点，容易通过线圈的匝间电容耦合向前传递，也容易与 LC 电路谐振被放大，所以不宜采用一般的集中参数滤波器［见图 7-85（a）的方式］。本设计采用的分布参数滤波器如图 7-85（b）所示，在一个金属腔内实现接地电容分布到扼流线圈的每一个线匝上，信号在传输中其高频分量随着传输线通道的延伸，"随时、随地"被吸收而得到衰减。由于各小段 LC 参数的差异化，抑制了整体谐振的可能性。外加全封闭金属管腔，在入、出腔体的穿壁过程中，可有效隔离随传导信号而来的电磁场能量。

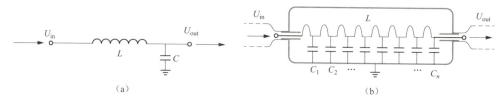

图 7-85　带吸收腔的分布参数滤波器

（a）集中参数滤波器；（b）带吸收腔的分布参数滤波器

图 7-86　腔式滤波器实体

本设计研制的 EM-S 防护组件外形如图 7-86 所示，在应用中可以级联，根据需要布置在信号传输通道上，其防护效果如图 7-87 所示。

3. 分腔处理与屏蔽措施

按采集通道将信号调理、A/D 转换以及供电电源系统分别布置在不同的金属腔体内，形成模块化结构，有利于将干扰隔离在一定区域，避免相互串扰，逐级滤除。采集器的分腔结构实体照片如图 7-88 所示。

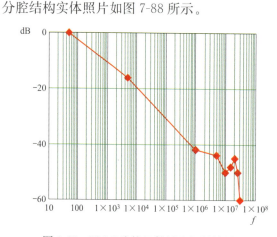

图 7-87　EM-S 防护组件插入损耗效果图

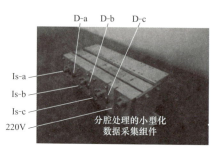

图 7-88　采集器的分腔结构实体照片

7.3.4　集成式电子式互感器带电校验及维护技术

随着电子式互感器的应用技术逐渐趋于成熟，人们将更多的注意力转移到如何拓展和发挥电子式互感器的工业实用性，如何利用"电子式"带来的技术优势，在维、检自动化技术上进行创新，为变电站创造更加可靠的运行环境。新一代智能变电站的功能设计中列入不停电校验、维检功能，意义重大。由停电维检改进为不停电维检，需要跨过若干技术门槛，此项技术进步备受业界关注。如果这一技术能在变电站上得到应用，将会减少变电站的事故停电和周期性检修停电时间，为电网带来直接的经济效益，特别是一些处于关键位置的高压枢纽站，如装机容量 300MVA 的变电站停电 2h 的电能收益损失约合 20 万元，覆盖区域的工业产值将减少近 1000 万元，所以社会、经济意义特别重大。

（一）实现带电维检的可行性

电子式互感器进入应用以来，人们很快发现信号传输系统以及测量误差形成机制与传统互感器有明显的不同，传统互感器的测量误差唯一地取决于传感器组（线圈、分压器等），而传感器组总是装在高压线路上，在带电运行中，绝对禁止二次输出端开路（TA）或短路（TV），所以当变电站上发生由测量误差带来的继电保护、计量类故障时，操作规程要求必须在确保停电以及与主线路脱离的条件下进行校验和检修，哪怕是局部的小故障，也要强制一个间隔或整站停电才能实现校验或检修，每年这样的停电会给变电站造成一定的经济损失。而新型电子式互感器改用小型化、小功率传感器，简化了绝缘结构，由传感器本身引起故障的几率几乎为零（不含光学传感），而系统测量精度的校准转移到数据采集单元来实现，在气体绝缘的组合型电器应用中（GIS、HGIS、PASS、组合罐式断路器等），数字采集电路（盒）统一装在低压侧，对它的操作由于不触及一次高压，采用光纤数字输出后，也无开路、短路危险，所以具备了带电条件下维、检的可行性。

吉林永吉 220kV 智能变电站的结构设计中，充分考虑了实现互感器校验技术创新的需要，如 7.2.2 节所述，罐式断路器上已经集成了电子式电流互感器（ECT）或电流/电压一体化互感器（ECVT），预留了带电校验、带电检修的必备技术条件，简述如下。

（1）断路器预留 ECT 校验位置。永吉 220kV 智能变电站是具代表性的高寒区敞开式变电站，220kV 和 66kV 双侧采用组合型罐式断路器，除少数几台线路 TV 外，其余的 ECT、ECVT 全部组合在罐式断路器设备上，罐式断路器具有良好的绝缘结构，由于 ECT、ECVT 传感器已大幅度小型化，断路器的升高座以下高度大部分将空余，如果互感器集中装在断路器的一侧，另一侧的金属管筒保留空余且外露，成为小型可移动标准互感器（简称：标互）的夹持点（见图 7-89）。当需要带电校验时，由机械手操作，完成小型开口标互在空管上的夹持动作，完成校验后再取下标互。由于升高座以下的金属管筒部位为地电位，加之有机械手代替人工操作，电气绝缘规范以及非人工操作双重措施确保了操作的安全性。

图 7-89　ECT/ECVT 装配位置实物图

（2）双重化配置。高压智能变电站要求电子互感器采用了双重化配置，即在一个安装点上，从传感器到采集器以及通信线路都会有两套装置并列运行，这一做法不仅为变电站安全增加了一层屏障，同时也为带电维检带来了灵活性。当双配置之一出现故障时（这是最常见情况），可将故障通道保护出口暂时闭锁，完成校验或更换后再恢复并列运行。这是双配置适应带电维检最为简便的方法，当然还有在采集器上实现临时性"一拖二"的配置技术，即临时性将正常通道输出数据供两通道共享，待完成维检后，再恢复并列独立运行。无论采用哪种方法，均能实现在不失保护的条件下完成带电校验或维检。

（3）采集器线路板快速更换。为了适应快速校验和维检，在采集电路板卡的设计中，需要实现所谓"热插拔"，这里说的热插拔是指：

1）电路板设计成便于插拔操作的独立板卡，具有防反插，错槽和错位的机械保障措施，便于变电站维护人员准确、无误操作。

2）插拔板卡不会导致供电电源负荷变动干扰，不会导致传感信号输入负载的跳变引起的信号干扰。

3）插拔一个通道的板卡，不影响另一个通道的正常工作。

4）如果设计双重化通道数据交换共享功能，则要求共享切换过程平稳、连续、不发生通信错误。

（二）钳挂式标准电流互感器

常规试验室条件下，标互是一个固定的重型设备，它由大截面闭合铁芯、铜线绕组以及支架组成，之所以采用大截面铁芯和铜线绕组，是为了实现测量的高精度和一定的功率输出。电子式互感器的传感过程注重信号的线性范围，减小了功率输出要求，俗称"传信号不传功率"，没有功率输出负担，传感部件可以小型化，标准互感器也可以据同一原理进行小型化设计。为了实现带电条件下的"在线"校验，标互有可能被挂在一次线路上，传统的一次导线穿心的闭环结构将改为可开合的"钳式"结构，可以方便地钳挂在需要检验的任意一段线路上，实现带电条件下的"在线"校验。以下将讨论如何在小型化开合式结构改进中确保标准互感器仍有较高的精度。

1. 误差因素分析

标互最重要的技术要求是：测量精度必须高于普通互感器产品（即标准中所称的误差等级要小于产品约两个等级），如何在实现小型化结构时仍确保高测量精度，这是备受业界关注的一个技术创新，现以电流标互为例，讨论标互小型化的理论依据。

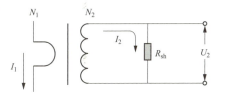

图 7-90 铁芯电磁式互感器的传感原理图

标互是以环形铁芯为骨架的两组线圈（见图 7-90），其中一次绕组连接一次线路，常用一匝结构；二次绕组即测量线圈，一、二次间的传感关系基于磁势平衡方程，为

$$I_1 N_1 + N_2 I_2 = N_1 I_0 \tag{7-4}$$

式中：I_1 为一次电流；I_2 为二次电流；I_0 为励磁电流；N_1 为一次匝数；N_2 为二次匝数。由于高磁导铁芯材料的应用，实际上励磁电流 I_0 非常小，所以传感关系式被近似为式（7-5），这样，I_1 和 I_2 呈严格的比例关系。K 被称为变比系数。

$$I_1 = \frac{N_2}{N_1} I_2 = K I_2 \tag{7-5}$$

当研究测量误差成因时，主要是研究 I_0 又是一个不可忽略的因素，需要寻找 I_0 的形成机制，研究如何减小它。实际上 I_0 是由磁材料、一二次匝数、负载等多种因素决定。在规定的简化条件下，I_0 在 I_1 中所占的百分比被定义为测量的复合误差 $\varepsilon(\%)$，具体为

$$\varepsilon(\%) = \frac{I_0}{I_1} \times 100 \tag{7-6}$$

在铁芯的磁回路中，主磁通 Φ_0 链接绕组 N_1 和 N_2，通过 Φ_0 建立一、二次绕组以及铁芯参数之间的关系。

式（7-7）表达了铁芯主磁通 Φ_0 与铁芯磁导率 μ、截面积 A、平均磁路长度 L 以及一次安匝数之间的关系

$$\Phi_0 = \frac{\sqrt{2}\,\mu A I_0 N_1}{L} \tag{7-7}$$

式（7-8）则表达了主磁通 Φ_0 与二次绕组感生电动势（$E_2 = I_2 Z_2$）、回路总阻抗 Z_2、二次匝数 N_2、以及频率 f 之间的对应关系

$$\Phi_0 = \frac{\sqrt{2}\,I_2 Z_2}{2\pi f N_2} \tag{7-8}$$

利用式（7-4）、式（7-7）、式（7-8）的变量代换关系导入式（7-6），可得到测量的复合误差表达式

$$\varepsilon(\%) = \frac{Z_2 L}{2\pi f \mu A N_2^2} \times 100 \tag{7-9}$$

分析式（7-9），可以发现导致误差的几个要素，从而找到小型化过程中如何减小误差的效方法。

铁芯材料因素包括：

1）增大铁芯截面 A。将增大体积，不可取。

2）减小磁路长度 L。受测量条件约束，作用有限。

3）选择高磁导率 μ。选新型高磁导材料，可行。

绕组参数因素包括：

1）减小二次绕组阻抗 Z_2。优化设计，可行。

2）增大二次绕组的匝数 N_2。优化设计，可行。

原则上，改变上述因素均能达到提高测量精度之目的，但在实际工程中，可供选择且易行方法是：提高磁导率、减小二次阻抗和增大变比三种措施。为了便于分析，在本节描述中，简化了漏磁电抗、磁滞、涡损、负载功率因数误差因素的影响，在下一节关于标互的优化设计中，通过铁磁材料的优选以及绕组参数的改进，这些因素的影响将被弱化到可以忽略的程度。

2. 标互的优化设计

通过以上分析，在实现标互小型化的同时，确保高精度测量要求，可以在以下几

个方面进行优化设计。

（1）选用高磁导率铁芯。从式（7-9）可见，选择高 μ 值铁磁材料可有效改善测量精度，在同等条件下，如果能将磁导率提高一倍，就意味着铁芯体积、质量可减小一半。现代冶金技术已经制造出磁导率数十倍于硅钢片的新型超微晶铁磁材料。试验表明，新型磁性材料在磁导率大幅提高的同时，涡损、磁滞、矫顽力等性能指标也会下降，用于电流传感器，整体性能优于传统硅钢片材料，这是一个巨大的技术进步。表 7-10 列举了纳米晶、坡莫合金、硅钢片导磁性能的比较。

表 7-10　　　　　　铁基纳米晶与坡莫合金、硅钢片铁芯性能对比表

基本性能参数	纳米晶	坡莫合金	硅钢片
饱和磁感应强度（T）	1.23	0.76	2.03
初始磁导率（Gs/Oe）	40k～80k	50k～80k	1k
最大磁导率（Gs/Oe）	＞200k	＞200k	40k

从表 7-10 可以看出，纳米晶材料的初始磁导率相当于硅钢片的 $40\sim80$ 倍，这一特性可以大幅缩小铁芯磁滞导致的误差，改善小电流测量精度。最大磁导率高于硅钢片 5 倍以上，这使同等条件下的测量误差可能减小 80％，可利用这一特性在小型化的同时保证测量精度。

（2）轻载化设计。从式（7-9）还可看出，误差与二次绕组参数密切相关，减小回路总阻抗 Z_2 或者增大 N_2 均能有效减小测量误差。

图 7-91 示意互感器二次回路等效电路，R_{sh} 为二次回路的负载电阻；X_0、R_0 分别为二次绕组的漏磁电抗和绕组内阻。二次回路的等效总阻抗 Z_2 由 X_0、R_0、R_{sh} 串联组成。

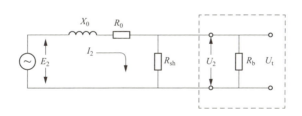

图 7-91　电子标互二次回路等效电路

X_0 与线圈绕制工艺相关，对减小 Z_2 贡献甚微，Z_2 主要组成为 R_{sh} 和 R_0。减小 R_0 可从减小导线电阻率入手，减小 R_{sh} 则可用阻抗变换的电子线路实现。

（3）导线和变比的选择。二次电流 I_2 的大小由式（7-5）决定，增大 N_2 可减小 I_2，

进而降低标互的二次功耗。电子式通常采用 $0.01\sim0.2A$ 的小电流输出，相比传统的 5A 输出，二次输出功耗可以降至 0.5VA 以下，大致相当于传统 TA 的 1% 左右。

根据式（7-9），增大 N_2 不仅使功耗降至 1%，而且同时可提高测量精度约一个量级，但增大 N_2 的作用是有限的，增大 N_2 加长了二次绕组导线的长度，会增大内阻 R_0；为了保证测量电压 U_t 不变，还需增大 R_{sh}，这需要采用另外两个措施来消除这一影响，其一是增大导线截面，或选用低电阻率导线，例如镀银导线；另一个有效的方法是采用一种现代电子技术，降低 R_{sh}。

（4）零负载变换法。在图 7-92 中，取消 R_{sh}，代之以一个精密小 TA，小 TA 进一步将电流再次缩小到毫安级，毫安级电流更加适合于采用微电子器件来处理，将毫安级的输出电流连接到运放（图中 YF）的输入端，由运放将小电流转换为采集电压 U_t，供 A/D 采集电路。U_t 的大小可由电阻 R_f 设定

$$U_t = I'_2 R_f \tag{7-10}$$

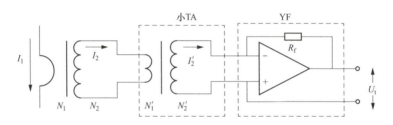

图 7-92 ECT 输出的零负载变换电路

U_t 与 I_1 的变比关系演变为式（7-11）的对应关系，这一方法称为"零负载变换"。

$$I_1 = \frac{N_2}{N_1} \cdot \frac{N'_2}{N'_1} \cdot \frac{U_t}{R_f} \tag{7-11}$$

运放在放大工作状态，＋、－输入端之间总会保持"0V"电位差，这相当于 N'_2 绕组被短路，折算到 N_2 输出端的负载电阻 R_{sh} 趋近"零"，即所谓"零负载"，而且输出电压 U_t 不再受匝数比的限定，可以按需要的范围设定。

根据式（7-9）所表明的误差形成因素，轻载化技术对标互精度的大幅度提高为减小铁芯的体积 A 提供了技术基础，容许在减小铁芯截面和作开口结构设计后仍能保证必要的精度范围。

（三）带电校验操作过程

不停电在线校验是在一次线路带电运行条件下进行的互感器检测和校准试验，与

传统的实验室校验不同的地方体现在"带电"条件下特有的试验布置和操作方法。利用图 7-93 说明气体绝缘组合电器装配 ECT 的校验设备布置和操作方法。

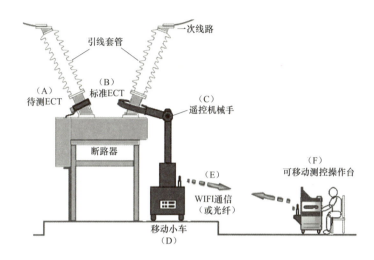

图 7-93　带电校验现场操作示意图

待校验 ECT 装在断路器的引线套管的升高座以下（变压器、电抗器、HGIS、PASS 等电器均有类似的 ECT 安装方式），整体处于大地电位；其输出信号经试验用转接光纤（或经 WIFI 模块发射）引至测控台，作为临时性试验信号通道；

遥控机械手安装在移动小车上，具有遥控移动"对位"操作功能，可将钳形互感器准确夹持在电器的金属套管上或卸下，小车由可复充电池供电，按遥控指令完成移动、升降、转向精确对位等操作。

电流"标互"被设计成一个可开合的钳形结构，可在机械手（或人工）操作下夹持在 ECT 传感器同位置或线路的另一端。标互的输出同样采用试验用转接光纤或经 WIFI 模块发射至测控台，作为标准源信号通道。

测控操作台是试验人员发出控制指令，完成标互的移动、嵌合、测量、分离、复位等动作的平台，装有无线收发遥控键盘，遥控指令具有加密和校验，防止误操作和干扰；操作台同时装有校验仪和数据波形显示屏，试验时负责接收、记录、显示待测 ECT 和标互发来的测量和标准数据，并完成对待测 ECT 的检测和校准操作。

完成校验后卸下标互，回收缆线、小车、测控台等设备，使电子式互感器恢复到正常运行状态。

操作过程的安全保障措施体现在以下三个方面。

高压电器的运行电压是试验电压的 1/4～1/5，（如 66kV 电器工频耐压 160kV，常态工作电压仅为 38.1kV，即留有 4 倍的裕度，机械手极限升高不高于套管的金属法兰，确保标互顶端处在地电位区域，操作全过程也处于高压电场的绝对安全区域。

标互的夹持拆卸由遥控机械手完成，机械手的支撑臂设计为绝缘件，对于需要将标互直接夹持在高压母线上的检测操作，确保闪络、爬电距离满足变电站绝缘规范。标互输出数据采用临时性 WiFi（或光纤）引向地面，确保一、二次之间的光隔离绝缘。

小车部件充分接地，小车与操作人员（操作台）之间采用 WIFI（或光纤）通信，无任何电气连接，操作人员位于安全保障区域。

（四）互感器带电维检操作

对于有故障的互感器，校验的目的除了查找故障原因外，更重要的是消除故障，这需要在校验比对的基础上进行快速维护、更换或检修，电子式互感器的采集卡具备带电维检条件的基础上，可以根据校验结论进行以下维、检操作。

（1）校准。对于精度偏移的互感器，在标互输出的参考值基础上重新校准。

（2）维护。对于装配、插接、接地、绝缘隔离等差错引起的故障进行改正性维护。

（3）更换。对判定的失效板卡、部件进行更换。

完成校验及维、检操作，故障互感器可以重新投入运行。

对于其他空气绝缘的高压电器组合 ECT、EVT、ECVT，均可以按照以上方法进行带电校验，对于直接装在敞开线路上的电流互感器，也可以在与之串联的组合电器（如断路器）上加持标互，进行带电校验。

7.4　新一代智能变电站土建创新优化

7.4.1　总平面布置优化

吉林永吉 220kV 变电站站址区域为一般农田，现为旱田，站址高程 269.0～285.0m。地形不平整，有两处洼地。优化总平面布置，节约占地，因地制宜进行竖向布置尤其重要。变电站一旦建成，将阻断原有自然排水系统，因此合理布置总平面，优化站内外排水系统尤其重要。

通过模块组合的方式，展开方案设计工作。总平面根据不同功能分区自北向南呈两列式布置。自北向南为 220kV 配电装置、主变压器场地、66kV 配电装置。二次设备预制舱代替主控制室，二次设备预制舱布置在站内配电装置空余场地内。总事故油池布置在 66kV 配电装置内。进站道路由吉林—磐石 202 国道引接后，新建 85m 进站道路，车辆从站区南角进入变电站。

变电站的布置上尽量避开低洼地，减少站区土石方工程量。本期建设的建（构）筑物等较重要的建筑物尽量布置在挖方区，减少地基处理费用，减少不均匀沉降。总平面竖向布置采用平坡布置形式，有效减小了站区的挖、填方量，减小了站区挡土墙体积，极大地降低了土建造价。

7.4.2　竖向设计优化

（一）竖向设计研究目的

竖向设计的任务是利用场地的自然地形，对场地的地面高程进行竖直方向的规划设计，使之满足工艺和使用要求。变电站竖向设计中首先要满足防洪要求，设计场地标高必须高于频率为 2% 的洪水位；大量挖填方，不仅产生巨大的填土工程量，而且会产生高边坡和高挡墙，带来场地沉降、外观、工期、质量、投资、地基处理等方方面面的难题。选取一种较优的竖向布置型式非常关键。

（二）竖向设计研究流程

变电站竖向设计流程如图 7-94 所示。

（三）竖向设计的方法

1. 常用竖向布置形式

本工程站址区域地貌单元属于松辽平原，地势起伏较大，建设场地原为耕地，土地性质为一般农田。自然地面高程约为 269.0～285.0m，地形不平整，有两处洼地，应采取合适的竖向布置方法。

以往变电站竖向布置中通常有以下几种做法。

（1）平坡布置。通常整个变电站场地设计标高取同一标高，如吉林省内的松原 500kV 变电站。

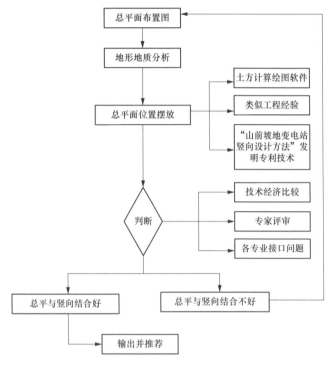

图 7-94　变电站竖向设计流程图

（2）放坡布置。少量变电站工程也在探索场地找坡做法。如吉林省内的白山金英220kV 变电站，因其工艺采用软母，场地顺母线找坡对工艺影响不大。

（3）阶梯布置。整个变电站场地按功能做多个台阶布局的做法适合于坡度较大场地，处于国内推广阶段，如吉林省内的吉林磐石 220kV 明城变电站等。

2. 常规竖向设计方案选择

克服山地变电站总平面及竖向布置存在的困难，而提供一种利用山前坡地的自然地形，对坡地的地面高程进行竖直方向的规划设计，使之满足工艺和使用要求的山前坡地变电站的竖向设计方法。

（1）具体方位的确定。根据场地地形情况，使变电站布置时尽量避开低洼地带，避开高填方区。

（2）竖向布置形式。根据 DL/T 5056—2007《变电站总布置设计技术规程》4.2.3 条规定：场地设计坡度应根据设备布置、土质条件、排水方式和道路纵坡确定，宜为 0.5%～2%，有可靠排水措施时，可小于 0.5%。局部最大坡度不宜大于 6%，必要时宜有防冲刷措施。屋外配电装置平行于母线方向的场地设计坡度不宜大于1%。

1）平坡布置。整个变电站场地设计标高基本取同一标高，与地形结合差，综合平衡后土石方量大，一般在地形高差大的变电站不推荐采用。以本方案的总平面布置为例，采用平坡布置后，综合基槽开挖、土石方就地平衡后，站区总挖方量约2.2万 m³，总填方量约2.0万 m³。

2）放坡布置。一种是缓坡布置，场地坡度不大于2%，屋外配电装置平行于母线方向的场地设计坡度不大于1%，另一种是6%放坡布置，局部最大坡度按6%设计。

3）阶梯布置。根据DL/T 5056—2007《变电站总布置设计技术规程》4.3.1条及条文说明摘录："站区自然地形坡度在5%～8%时，站区竖向布置宜采用阶梯式布置。根据多年来山区变电站的实践经验，阶梯的高度除与地形有密切关系外，还必须充分考虑工艺布置的可行和安全，便于运输，岩土地质的稳定性以及施工方便等因素，以达到既减少土石方量，又便于安全运行之目的。每个阶梯的高度不宜过大，一般以2～3m为宜。"

4）阶梯加放坡布置。局部设置阶梯设计取1.5m，每个阶梯按放坡1%设计。从以上分析及地形图可看出，竖向设计采用平坡的竖向布置形式是适合本工程的方法。

3. 竖向设计实施方案

结合自然场地从东北侧高逐渐向西南侧低过渡的地形，采用平坡的竖向布置形式，降低挡土墙高度，减少土石方量，方便地基处理，对竖向布置进行了优化。

（1）220kV配电装置场地。场地自东北向西南从挖方过渡到填方，因此设计考虑将该场地竖向按平坡布置，设计标高与南侧场地进行衔接。优化后该场地标高，减少了1.0m填土和挡土墙高度。

（2）主变压器及66kV配电装置场地。场地自东向西场地比较平坦，局部有起伏，因此设计考虑将该场地竖向按平坡布置。优化后该场地标高，减少填土和挡土墙高度。

根据以上竖向布置后，本工程较好地结合自然地形，能满足功能要求。

7.4.3 现场实施创新优化特点

针对新一代智能变电站的新技术特点，应用全寿命周期设计理念和方法，优化总平面布置，总平面采用两列式布置，优化设备配置布置，设备采用紧凑布置，工艺流程顺畅、合理；优化竖向设计布置，减少变电站土方量；结合新一代智能化变电站和无人值班的特点，吉林永吉 220kV 变电站对建筑设计进行了大幅优化，二次设备布置于国际标准化集装箱设备舱内，节省了占地与投资。与此同时，结合东北高寒地区特殊情况，现场施工其他创新优化如下。

图 7-95　地上电缆槽盒

1. 电缆沟优化

新一代智能化变电站大量采用光缆传输数据，主电缆沟截面减小至 1000mm×200mm，电缆沟采用地上电缆槽盒（见图 7-95），电缆沟盖板采用无机复合材料电缆沟盖板。

2. 构架同基础连接方式优化

常规构架与基础连接方式采用杯口基础，杯口基础二次浇注受季节施工限制，影响二次浇注质量，本站连接方式为地脚螺栓方式，避免了上述缺点，而且抗震性能有所改善。

3. 基础保护帽优化

常规保护帽采用素混凝土，此保护帽高寒地区冻融循环环境作用下，易出现裂缝，混凝土强度降低，影响美观。本站保护帽采用钢筋混凝土基础短柱高出地面，修改基础短柱截面形状，保证保护帽外形尺寸符合标准工艺的同时，内有基础短柱配筋作用，有效增加基础抗裂抗冻融循环性能。

4. 站内外排水优化

本站地处两处洼地，变电站一旦形成，将阻断原有自然排水，如不及时疏导自然排水，将形成"堰塞"。常规通过站外明沟排水仅可以疏导一处洼地积水，另一处洼地积水通过明沟排水，排水明沟过长，增加工程投资且影响沟侧站外挡土墙基础埋至冻深以下的基础埋深，增加工程量及投资。经优化，将另一处洼地积水引至站内，借用站内排水系统进行疏导，为保证站内排水系统安全运行，不发生"堵塞"现象，优化站外积水点处设计，采用两次过滤装置，一次过滤采用钢筋网包裹鹅卵石，二次过滤采用"跌水井"配合"溢水槽"，两次过滤保证了站内排水系统安全运行。

5. 地上电缆槽盒优化

将地上电缆槽盒进行全现场安装优化，所有型材连接方式均采用螺栓连接方式，杆件编号简单，方便安装维护。基础采用后置调平螺栓同预制混凝土保护帽相结合的方式，为后续型材安装及纵向调平提供了保障。

6. 装配式防火墙

装配式防火墙采用层插式安装方式，立柱采用现场混凝土现浇形式，防火墙板采用双层样式，双层板之间嵌入防火岩棉，使耐火时间达到安全时限，结构简单、安装方便、抗荷载系数高、自洁力强、免维护时间长等优点，如图 7-96 和图 7-97 所示。

图 7-96 装配式防火墙效果图　　　　图 7-97 装配式防火墙实物图

新一代智能变电站的土建设计优化措施，结合智能变电站的技术特点和"两型一化"原则，按照"节约土地资源"的方针，通过反复优化设计，减少智能变电站占地面积和建筑面积，使变电站回归工业设施本源，突出工业设施特性，彰显工业设施美观；同时，应采用全寿命管理理念，积极创新，使吉林永吉 220kV 变电站成为技术先进、安全可靠、指标优秀的精品工程。

参 考 文 献

[1] 刘振亚. 智能电网知识读本 [M]. 北京：中国电力出版社，2010.

[2] 刘振亚. 智能电网技术 [M]. 北京：中国电力出版社，2010.

[3] 闫少俊. GIS智能变电站电子式互感器技术 [M]. 北京：中国电力出版社，2014.

[4] 蔡勇. 新一代智能变电站技术及工程应用 [M]. 北京：中国电力出版社，2014.

[5] 宋璇坤，刘开俊，沈江. 新一代智能变电站研究与设计 [M]. 北京：中国电力出版社，2015.

[6] 李莉，罗毅，杨国富，等. 高寒地区 500kV 装配式变电站的发展方向 [C] //工业建筑 2015 年增刊Ⅰ. 2015.

[7] 莫文抗，李友生. 高寒地区变电站工程混凝土基础冬期施工技术 [J]. 知识经济，2012（1）：96-97.

[8] 郑开琦，王小波，徐光彬. 武汉未来城 110kV 新一代智能变电站设计方案研究 [J]. 湖北电力，2013（7）：12-15.

[9] 宋璇坤，沈江，李敬如，等. 新一代智能变电站概念设计 [J]. 电力建设，2013，34（6）：11-15.

[10] 蔡勇，张大国，孟碧波，等. 新一代智能变电站理念与技术优势分析 [J]. 湖北电力，2013（7）：1-4.

[11] 王佳颖，郭志忠，张国庆，等. 光学电流互感器长期运行稳定性的试验研究 [J]. 电网技术，2012，36（6）：37-41.

[12] 史京楠，胡君慧，黄宝莹，等. 新一代智能变电站平面布置优化设计 [J]. 电力建设，2014，35（4）：31-37.

[13] 霍山舞，童建民. 新一代智能变电站需求及总体构架分析 [J]. 电力勘测设计，2014（2）：61-66.

[14] 周永忠，夏械化，黄昊，等. 新一代智能变电站站域保护控制系统应用 [J]. 中国电业：技术版，2014（9）.

[15] 宋璇坤，李敬如，肖智宏，等. 新一代智能变电站整体设计方案 [J]. 电力建设，2012，33（11）：1-6.

[16] 王佳颖，郭志忠，张国庆，等. 电子式电压互感器暂态特性仿真与研究 [J]. 电力自动化设备，2012，32（3）：62-65.

[17] 王晓波，贾宏，钱春年. 220kV GIS 电子式电压互感器运行电压偏高分析与处理 [J]. 吉林

电力，2012，40（6）：40-

[18] 邬佐民. 变电站综合自动化系统应用现状及发展趋势探讨［J］. 现代企业教育，2009（2）：123-124.

[19] 宋璇坤，沈江，李敬如，等. 新一代智能变电站概念设计［J］. 电力建设，2013（6）：11-15.

[20] 孔祥雯. 500kV 无人值守新一代智能变电站辅助控制系统的设计与研究［D］. 郑州大学，2014.

[21] 李颖超. 新一代智能变电站层次化保护控制系统方案及其可靠性研究［D］. 北京交通大学，2013.

[22] 唐卫华，杨俊武，欧阳帆. 新一代智能变电站技术综述［J］. 湖南电力，2015（2015 年 05）：1-6.

[23] 范巍，兰春虎. 新一代智能变电站集成优化设计研究［J］. 资源节约与环保，2016（2016 年 04）：8-9，13.

[24] Hossenlopp L. 20 YEARS OF SUBSTATION AUTOMATION SYSTEMS：CHANGES A-NALYSIS AND FUTURE PERSPECTIVES［J］.

[25] Rahmatian F. Design and Application of Optical Voltage and Current Sensors for Relaying ［C］// Power Systems Conference and Exposition，2006. PSCE '06. 2006 IEEE PES. 2006：532-537.

[26] 冯利民，王晓波，吴联梓，等. 500kV GIS 变电站 VFTO 对于电子式互感器的电磁骚扰研究［J］. 电工技术学报，2016，31（1）：85-90.

[27] Sidhu T S，Yin Y. Modelling and Simulation for Performance Evaluation of IEC 61850-Based Substation Communication Systems［J］. IEEE Transactions on Power Delivery，2007，22（3）：1482-1489.

[28] 宋璇坤，李敬如，肖智宏，等. 新一代智能变电站整体设计方案［J］. 电力建设，2012，33（11）：1-6.

[29] 牛强，徐启，钟加勇，等. 模块化智能变电站建设模式研究［J］. 电气应用，2014（21）：20-23.

[30] 李斌. 适应新一代智能变电站的在线监测体系研究［D］. 华北电力大学，2015.

[31] 白斯宇，徐华，龚俊. 工业化预制装配式围墙结构和施工新技术［J］. 湖北电力，2013（7）：41-42.

[32] 沈青松，盛晓红，江香云，等. 变电站装配式围墙与防火墙的设计及工程应用［J］. 浙江电力，2014，33（3）：28-30.

[33] 姜瀚书，王佳颖，于旭. 数字化变电站半电子式电流互感器角差异常原因分析［J］. 吉林电力，2014，42（2）：44-46.

［34］　王佳颖. 光学电流互感器的微小化问题研究［D］. 哈尔滨工业大学，2011.

［35］　冯星. 智能变电站设计的全寿命周期及技术分析［J］. 能源与节能，2013（3）：25-26.

［36］　王东夏. 浅谈智能变电站运行维护的有效方法［J］. 机电信息，2014（9）：132-133.

［37］　钟建英. 智能高压开关设备技术研究进展［J］. 高压电器，2013（7）：110-115.

［38］　冯秀宾. 智能变电站的含义及发展探讨［J］. 高压电器，2013（2）：116-119.

［39］　中国电器工业协会智能电网设备工作委员会. 智能变电站发展的现状与形势分析［J］. 电器
　　　　工业，2012（9）：16-17.

［40］　樊陈，倪益民，申洪，等. 中欧智能变电站发展的对比分析［J］. 电力系统自动化，2015（16）.

［41］　詹银，潘强灵，谢华芳. 采用隔离断路器的主接线优化分析［J］. 电工技术，2015（11）：
　　　　40-42.

［42］　刘伟，田志国，袁亮. 电子互感器和隔离式断路器一体化关键技术研究［J］. 高压电器，
　　　　2014（12）：116-120.

［43］　刘立峰，刘海琼. 隔离断路器在新一代智能变电站中的应用［J］. 湖北电力，2013（9）：8-9.

［44］　黄扬琪，路欣怡，刘念，等. 含隔离式断路器的新一代智能变电站主接线可靠性评估及灵敏
　　　　度分析［J］. 电气技术，2014（6）：10-14.

［45］　王灿飞，李以然，王军慧，等. 基于隔离开关检修的隔离断路器分析研究［J］. 电工电气，
　　　　2015（3）：32-37.

［46］　Metal-coated Optical Fibre Bragg Grating for Electric Current Sensing. SPIE，3483：1998，
　　　　550-554.

［47］　Kucuksari Sadik，Karady George G. Experimental comparison of conventional and optical cur-
　　　　rent transformers. IEEE Transactions on Power Delivery，Vol. 25（4）：2010：2455-2463.

［48］　J. D. Ramboz. The Verification of Rogowski Coil Linearity from 200A to Greater Than
　　　　100kA Using Ratio Methods. Conference Record-IEEE Instrumentation and Measurement
　　　　Technology Conference，2002（1）：687-692.

［49］　Kruglyak Volodymyr V. Portnoi，Mikhail E. Hicken，Robert J. Use of the Faraday optical
　　　　transformer for ultrafast magnetization reversal of nanomagnets. Journal of Nanophotonics，
　　　　Vol. 1（1）：2007：46-47.

［50］　易海琼，兑潇玮，李勇. 基于隔离式断路器的智能变电站电气主接线优化［J］. 电力建设，
　　　　2014，35（6）：92-96.

［51］　詹银，谢华芳，潘强灵. 集成式智能隔离断路器设计研究［J］. 电工技术，2015（12）：1-2.

［52］　肖莞. 新一代智能变电站的一次设备讨论——访西安高压电器研究院张文兵副总工程师［J］.
　　　　电气应用，2013（11）：8-11.

［53］ 李劲彬，陈隽. 新一代智能变电站中隔离断路器的技术特点分析［J］. 湖北电力，2013（7）：5-8.

［54］ 李劲彬，阮羚，陈隽. 应用于新一代智能变电站的隔离断路器［J］. 电力建设，2014，35（1）：30-34.

［55］ 王永斌，梁红，王耀. 66kV 大容量集合式电容器在 500kV 变电站的应用［J］. 电力电容器与无功补偿，2014，35（5）：44-51.

［56］ 倪学锋. 集合式电容器的发展及方向［C］//2014 输变电年会. 2014.

［57］ 李晓萍. 集合式电容器智能组件关键技术的研究［D］. 北京交通大学，2014.

［58］ 廖一帆，庞美钦，顾凤彪，等. 紧凑型集合式并联电容器试验问题研究［J］. 高压电器，2014（9）：41-46.

［59］ 夏烨. 智能 GIS 设备检测平台局部放电模拟技术的研究［D］. 华北电力大学（北京）华北电力大学，2015.

［60］ 王宁，张可畏，段雄英，等. 智能 GIS 及其发展现状［J］. 高压电器，2004，40（2）：139-141.

［61］ 张猛，申春红，张库娃，等. 智能化 GIS 的研究［J］. 高压电器，2011，47（3）：6-11.

［62］ 崔凯，曲丽峰. 论智能变压器在智能电网中的应用［J］. 科技情报开发与经济，2011，21（13）：199—201.

［63］ 许金红. 智能变压器在线监测及诊断技术的应用研究［D］. 华北电力大学（保定），华北电力大学，2014.

［64］ 张冠军，黄新波，赵文彬. 智能化电力变压器的概念与实现［J］. 高科技与产业化，2009，5（7）：86-90.

［65］ 修黎明，高湛军，黄德斌，等. 智能变电站二次系统设计方法研究［J］. 电力系统保护与控制，2012，40（22）：124-128.

［66］ 井实. 智能变电站二次系统测试方法及其关键技术研究［D］. 电子科技大学，2013.

［67］ 刘兆显，崔荣花，赵俊杰，等. 智能变电站二次系统的设计及其工程应用研究［J］. 中国电业（技术版），2014，12：009.

［68］ 阴玉婷，杨明玉，郑永康. 智能变电站网络化二次系统及其在线监测研究综述［J］. 电气自动化，2014，36（1）：1-4.

［69］ 倪益民，杨宇，樊陈，等. 智能变电站二次设备集成方案讨论［J］. 电力系统自动化，2014，38（3）：194-199.

［70］ 曹亮，陈小卫，肖筱煜. 新一代智能变电站二次设备集成方案［J］. 电力建设，2013（6）：26-30.

［71］ 杨然静，刘满圆，金文博. 新一代 220kV 智能变电站二次设备优化集成方案［J］. 电气应用，2013，1.

［72］ Didosyan S，Hauser H. Magneto-Optical Current Sensor by Domain Wall Motion in Orthoferrites. IEEE Transactions on Instrument and Measurement. Vol. 2000：14-18.

[73] Qian Zhaoming，Wu Xin，Lu Zhengyu and M. H. Pong，Status of Electromagnetic Compatibility research in power converters，IEEE PIEMC'00，2000：46-57.

[74] Mark I. Montrose. Printed circuit board design techniques for EMC compliance. by：Sponsorship of the IEEE Electromagnetic Compatibility Society，New York，1996.

[75] W. Chen，L. Feng，H. Chen and Z. Qian，A Novel common-ModeConducted EMI Filter for Boost PFC Converter，IEEE APEC'05：793-796.

[76] 王硕. 智能变电站二次设备集成方案研究 [J]. 中国新技术新产品，2015 (18)：28-29.

[77] 李尊青. 智能变电站二次系统调试方法研究 [D]. 上海交通大学，2013.

[78] 李昊炅. 智能变电站二次系统优化及应用研究 [D]. 华北电力大学（北京），2011.

[79] 丁晓辉. 智能变电站二次设备测试系统研究 [D]. 河南师范大学，2013.

[80] 胡敬奎. 智能变电站二次系统的方案设计与应用研究 [D]. 华北电力大学，2015.

[81] 郭鑫. 智能变电站二次设备仿真测试技术研究 [D]. 华北电力大学（北京）华北电力大学，2015.

[82] 王志鹏. 智能变电站一、二次设计 [D]. 华侨大学，2013.

[83] 包红旗. 智能模块化变电站 [M]. 北京：中国水利水电出版社，2016.

[84] 张航. 智能变电站二次系统的设计及其工程应用研究 [D]. 山东大学，2013.

[85] 王振华. 智能变电站嵌入式一体化平台的设计 [D]. 山东大学，2013.

[86] 薛震. 智能变电站二次设备在线监测与故障诊断研究 [D]. 山东大学，2015.

[87] 彭志峰. 智能变电站二次设备性能评估方法的研究 [D]. 华北电力大学，2014.

[88] 王哲. 基于 IEC 61850 的变电站过程层与间隔层技术研究 [D]. 华中科技大学，2008.

[89] 孙晓刚. 变电站一体化信息平台与高级应用的研究与开发 [D]. 山东大学，2014.

[90] 江则金. 智能变电站二次设备整合方案探讨 [J]. 电力与电工，2013 (4)：47-49.

[91] 王炳林，郭巍. 变电站交直流一体化电源系统的设计与应用 [C] //2013 全国冶金供用电专业年会. 2013.

[92] 杨秋梅. 变电站交直流一体化电源 [J]. 电源世界，2014 (6)：36-38.

[93] 王宁. 智能变电站时间同步装置的同步性能研究 [J]. 电气应用，2015 (S2).

[94] 陈志刚，彭学军，张道农. 智能变电站时间同步在线监测研究 [J]. 电气技术，2016 (5).

[95] 姜雷，郑玉平，艾淑云，等. 基于合并单元装置的高精度时间同步技术方案 [J]. 电力系统自动化，2014，38 (14)：90-94.

[96] 杨松，王恩东，黄鑫，等. 变电站时间同步装置存在问题分析及对策 [J]. 吉林电力，2013，41 (6)：12-14.

[97] 张琪. 智能配电网层次化保护控制系统 [J]. 广东电力，2015，28 (1)：100-104.